하지 않는 연습

마음을 지키는 108가지 지혜

Original Japanese title: SHINAI SEIKATSU BONNOU WO SHIZUMERU 108 NO OKEIKO
© RYUNOSUKE KOIKE, GENTOSHA 2014
Original Japanese edition published by Gentosha Inc.
Korean translation rights arranged with Gentosha Inc.
through The English Agency (Japan) Ltd. and Danny Hong Agency.
Korean translation copyright © 2015 by Maroniebooks

마음을 지키는 108가지 지혜

하지 않는 연습

코이케 류노스케 지음 | 고영자 옮김

마로니에북스

차례

•

제1장

지나치게 연결시키지 않는다

●

제2장

짜증내지 않는다

●

제3장

변명하지 않는다

●

제 4 장

재촉하지 않는다

●

제5장

비교하지 않는다

●

•

지나치게
연결시키지
않는다

001

●

정보가 많으면
마음은 어지럽다

이 책은 2년 반에 걸쳐서 매주 신문에 연재한 칼럼 중에서 108개를 선별하여 한 권의 책으로 엮은 것입니다. 글에 이와 같은 제목을 붙인 것은 마음은 방치하면 흐트러지는 것이라는 의미가 있습니다.

나의 기준에서 조금이라도 벗어나는 연예인이 TV에 나오는 것을 보는 순간 짜증이 나고, 친구에게 보낸 메일에 대한 답장이 생각보다 늦어지면 그로 인한 불안감에 마음이 어수선해지기도 합니다. 그렇습니다. 마음은 아주 작은 계기로 인해 화가 나고 후회되고 불안하거나 망설이고 질투 혹은 자만하여 잘난 체하는 등의 감정으로 혼란스러워집니다. 이렇게 흐트러진 심리상태를 불교에서는 번뇌(煩惱)라고 부릅니다. 그리고 번뇌의 특징은 '정보량을 늘리는 것'에서 비롯되는 것이라고 할 수 있습니다.

앞의 예를 들자면 '메일에 답장이 늦는다'라는 머릿속의 현실 정보에 "나를 싫어하는 걸까?"라든가 "아직도 답장을 안 하는 것은 실례다"라는 등의 정보를 덧붙이는 것입니다. 새로운 정보가 늘어날수록 마음은 흐트러집니다만, 공교롭게도 사람의 머리는 정보의 양이 많아질수록 살아남는 것에 도움이 된다는 발상을 하게끔 설계되어 있습니다. 따라서 필요 이상으로 자신을 괴롭히는 정보조차 기꺼이 받아들여 마음을 혼란스럽게 합니다.

내가 실천해 온 불도(佛道)는 이렇게 흐트러진 마음을 신중하게 해부해 보는 심리학이라고 생각합니다. 이것을 도구로 삼아 여러 가지 번뇌로부터 자신을 지키고, 마음을 유지하는 연습을 해 봅시다.

●

상대를 굴복시켜
나의 가치를 실감하는
어리석음

이 항목에서는 자존심이라는 번뇌로부터 마음을 지키는 연습을 해 봅시다. 앞에서 우리의 마음은 아주 사소한 계기가 있으면 거기에 쓸데없는 정보를 더하여 머릿속을 뒤흔든다고 말했습니다. 자존심이 상처받는 계기도 아주 사소한 일입니다.

예를 들어 연애나 부부관계에서 함께 무언가를 할 때 항상 자신이 먼저 챙겨야 한다면 과연 내가 사랑받고 있는지 불안해하는 경향이 있습니다. 그리고 마음속으로 자존심이 상합니다. 직장에서 후배에게 조언을 했는데 따라 주지 않는다면 '못된 인간'이라고 화를 내지만 속마음은 "이 후배에게 나의 가치는 조언도 따라 주지 않을 정도로 낮은 것인가……"라고 생각하며 자존심이 상하게 됩니다. 상대방이 먼저 챙겨 주거나 나의 조언을 따를 때 '자신의 가치 = 매력 = 힘'으로 실감하기 때문에 그렇지 않은 현실에 마음이 흐트러지는 것입니다. 즉 자신의 힘을 보여 주고 싶다는 자존심의 번뇌가 강할수록 우리들은 사소한 일에 상처받고 분노하게 되는 것입니다.

　사실 요즘 세상에 넘쳐나는 ⁺몬스터 페어런츠(monster parents)나 ⁺⁺클레이머(claimer) 그리고 인터넷의 익명의 악플들도 상대를 두들겨 굴복시킴으로써 '자신의 가치 = 힘'이라고 착각한 자존심이라고 생각됩니다. 학교, 기업과 유명인을 향한 불평도 당하는 쪽은 잃는 것이 많기 때문에 약간의 실수라도 "죄송합니다"라며 굴복하지 않을 수 없으니까요. 그러나 이는 이기는 쪽이 정해져 있는 재미없는 싸움입니다. 비겁한 싸움에 도전하고 싶을 정도로 비참해지기 전에 이것이 자신의 가치를 올리고 싶어하는 어리석음임을 얼른 깨닫고 주의합시다.

✚
몬스터 페어런츠: 일본식 영어, 상식적으로 생각할 수 없는 자기중심적이고 불합리한 요구를 하는 부모를 일컫는 신조어이다.

✚✚
클레이머: 몬스터 클레이머라고도 한다. 민원을 제기하는 사람, 특히 본래의 민원을 넘어 트집을 잡거나 불만을 집요하게 반복하여 항의하는 사람을 말한다.

003

●

"너를 위해"의 진실은
"나 자신을 위해"

"아이를 위한다고 생각하여 '너를 위한 거야'라는 주의를 주었는데 반발하며 말을 듣질 않는다" 아이를 키우는 분들로부터 이런 고민을 듣는 것은 흔히 있는 일입니다. 자신은 '아이를 위한 것'이라고 생각할 것입니다. 하지만 느끼지 못할 뿐 사실 이것은 '나 자신을 위한 것'입니다.

머릿속을 잘 점검해 보면 "아이를 성장시키고 싶다"라는 이타적인 생각의 이면에는 "시키는 대로 하지 않으면 내가 화가난다"라는 이기적인 번뇌가 숨어있는 것을 알 수 있습니다. 그러나 아이들은 예민하기 때문에 부모가 "시키는 대로 행동하게 해서 지배하고 싶다"라는 욕심을 숨기고 "너를 위해"라고 꾸며서 말하는 것을 간파합니다. 부모의 이런 거짓말에 아이는 본능적으로 불쾌감을 느끼기 때문에 반발해 버리는 것입니다.

진짜 동기를 숨긴 '위선'은 번뇌 안에서도 상대에게 불신감을 품게 하여 관계를 불편하게 하는 데 뛰어난 효과가 있습니다. 이런 위선을 그만둘 수 있는 힌트를 『무뢰전 가이(無頼伝 涯)』라는 소년만화에서 짚어 보겠습니다.

주인공인 소년 가이는 억울하게 누명을 쓰고 살인범으로 체포됩니다. 한 경찰관이 가이의 결백함을 알고 도우려 했으나, 가이는 도움에 대해 생색을 내는 경찰의 말투에서 위선을 간파하고 거절했습니다. 그러나 경찰이 '좋은 사람'인 척하지 않고 자신에게 도박 때문에 진 빚이 있다는 사실과 진짜 범인을 밝혀야 자신의 빚을 갚을 수 있다고 고백하자, 가이는 "이익이 있다면 배신하지 않겠지"라고 생각하여 간신히 협력관계가 성립됩니다.

이처럼 '좋은 사람'인 척하지 않고 "당신이 처리해 주지 않으면 조바심 때문에 화가 나므로, 나를 위해 처리해 주지 않겠어?"라는 마음을 솔직하게 전달하는 것에서 시작하면 신뢰관계가 구축될 수 있을 것입니다.

●

좋은 사람인 척하지 말고
솔직하게 거절한다

"네, 좋아요 언제든지 도와드릴게요" "그럼요, 당신의 전시회가 시작되면 꼭 보러 갈게요"

이런 '쉽게 떠맡음'을 무심코 승낙했지만 실상 우리의 마음 한구석에서 "정말 하기 싫은데……"라는 목소리가 울릴 때가 있습니다. 이런 경우 도와달라는 요청을 받거나 전시회에 초대받으면 난처해집니다.

물론 "정말 가고 싶은데 지금 너무 바빠서……"라며 거짓말로 거절하는 사람도 있을 것입니다. 그러나 거절할 수 없기 때문에 마지못해 받아들이고는 "아~ 아……"라고 탄식하며 후회하는 일이 저에게도 가끔 있습니다. 이 경우 공통적인 것은 '싫은 사람'이라는 번뇌를 무시하고 무의식적으로 '좋은 사람'인 척 연출하고 싶어 한다는 것입니다. 즉 상대에게 '좋은 사람'을 연기해야 하기 때문에 거짓말까지 하거나 아첨하면서 떠맡는 것입니다.

애당초 진심으로 실행할 마음이 없음에도 '쉽게 떠맡고' 싶어지는 것은 일단 '좋은 인상'을 줄 수 있기 때문입니다. 자신의 이미지를 '좋은 사람'으로 남김으로써 타인에게 호의를 받고 싶다는 번뇌는 누구든지 갖고 있습니다.

그렇지만 이런 꾸밈은 "실은 가고 싶다는 생각조차 하지 않으면서 입이 가벼운 사람이네"라고 간파하는 사람에게는 오히려 마이너스의 이미지와 고통을 줍니다. 게다가 거짓말을 하는 것 자체가 마음을 찜찜하게 하며, 거절하지 않고 떠맡아도 고통스러운 것입니다.

그러므로 '좋은 사람'인 척하지 말고 서로의 마음이 상하지 않게 솔직하게 거절하는 것이 좋을 때도 있습니다.

●

어느 쪽이 이득인지
갈등하는 것은
마음의 손해

.

고작 약속 장소 하나 정하는 것만으로도 마음이 미혹(迷惑)에 흔들리면 좀처럼 결정하지 못하는 법입니다. 저도 우유부단하게 "어디가 좋을까?"라고 고민하다가 문득 정신을 차려 보면 15분 정도 지나가 버리는 때가 가끔 있습니다. 예를 들면 이런 상태입니다. "지난번에는 내가 멀리 나갔으니 이번에는 이쪽으로 오라고 해야지" "아니 잠깐 이쪽으로 오면 내가 대접해야 하니까 피곤해지기 때문에 양자의 중간지점으로 하자" "그런데 중간 지점 역 주변에 있는 조용한 가게를 모르잖아. 센스 없는 사람이라고 생각하면 어쩌지?" "역시 이쪽으로 오라고 하자" "아니야……"

이처럼 수많은 생각으로 마음이 혼란스러운 이유는 어떤 선택이 보다 이득인지 계산하고 싶어 하는 욕망 때문입니다. 하지만 문제는 이런 생각을 되풀이하면 정신과 시간을 소모하여 피곤해진다는 것입니다. 즉 어느 쪽이 이득인지 갈등하는 것 자체가 마음의 손해라고 할 수 있습니다.

　　우리들은 어렴풋이나마 갈등하는 것이 피곤한 일임을 알고 있기 때문에, 선택사항이 무궁무진하게 늘어나는 것을 싫어하는 것은 아닐까요? 예를 들면 어떤 상품의 풍미(風味)를 몇십 종류로 준비하여 선택하기보다 2, 3종류로 한정하여 결정을 빨리 내릴 수 있도록 유도하는 방법이 인기 있다는 사례도 있습니다.

　　그렇지만 우유부단한 우리들은 무심코 미혹에 빠져 버리게 됩니다. 그럴 때 상기하면 좋은 것은 망설임 끝에 내린 하나의 선택이 결정적으로 우수한 것은 아니라는 것입니다.

　　'더 유리한 쪽'을 선택하더라도 실은 큰 차이가 없습니다. '작은 이득을 추구하기 위해 보잘것없는 욕망에 마음이 흐트러진 한심한 자신'을 깨닫고 '득(得)'이 아니어도 좋으니 빠르게 결정을 합시다.

006

●

타인의 마음이 흔들릴 때는
관용을 베푼다

앞에서 우유부단의 원인이 '조금이라도 더 이득을 얻고 싶다'라는 욕망에서 비롯되는 것이라고 말씀 드렸습니다.

　세상을 둘러보면 이쪽이 좋다고 생각했지만 비판받는 것을 손해라고 생각하여 다른 쪽으로 바꾸며 번복을 일삼는 정치인이 비난받는다는 것을 알 수 있습니다. 혹은 연인에게 "이번 주말에 함께 여행가고 싶으니 시간 비워두고 있어"라고 말해 놓고, 막상 당일 날 다른 곳에서 하고 싶은 일이 생겼다는 이유로 약속을 취소하면 상대에게 상처를 줄 뿐만 아니라 화나게 한다는 것도 알 것입니다.

　예전에는 'A쪽이 더 이득'이라고 생각하고 있었지만 이번에는

'B쪽이 더 이득'이라고 생각을 확 뒤집는다. 이것이 불신을 자아내는 것은 분명합니다. 하지만 마치 귀신의 목이라도 벤 것처럼 한편으로 "또 흔들린다" "거짓말쟁이!"라고 공격하는 요즘의 풍조도 저의 눈에는 무슨 작정이라도 한 것처럼 보입니다.

타인의 흔들림을 계속 비난하고 싶어지는 마음은 정치가들이 이해득실을 따지는 것과 같은 미혹의 번뇌에 대한 분노 때문입니다. 하지만 문제는 인간은 처절하게 공격당해도 정신을 차리거나 개선할 수 있는 요령 좋은 생물이 아니라는 것입니다. 비난당하며 고통스러웠던 만큼 마음은 더욱 더 편한 쪽을 갈구하며 우왕좌왕하는 것입니다. 더욱이 남의 '흔들림'을 용서할 수 없는 속이 좁은 우리는 "또 흔들린다"라고 분노하며, 마음을 어지럽히는 것입니다.

타인의 마음을 ✚제행무상(諸行無常), 갈등은 당연한 것이라고 생각하면 너그러워집니다. 그러면 자신의 마음도 지키면서 흔들리는 상대를 긴 안목으로 지켜보게 됩니다.

✚
제행무상: 우주의 모든 사물은 늘 돌고 변하여 한 모양으로 머물러 있지 아니함을 뜻한다.

●

알아주길 바랄수록
알아주지 않는다

한 시민 강좌에서 불교에 대한 강의를 했을 때 "누구나 자신에 대해 남이 알아주기를 바라고 인정받고 싶어 하는 번뇌를 가지고 있다"라는 말을 한 적이 있습니다. 강의가 끝나고 질의응답 시간에 경청하던 남자가 "나는 어려서부터 부모님에게 인정받고 싶은 적이 없었고 누구에게도 나를 알아 달라고 어리광을 부린 적이 없습니다. 그것에 대해 어떻게 생각하십니까?"라는 질문을 했습니다.

그런데 이 발언을 잘 생각해 보면 여기에는 꽤 귀여운 내용이 내포되어 있습니다. 자신은 어리광을 부릴 줄 모르는 사람이라는 것을 그 자리에 있는 사람들에게 알리고 싶어 하는 응석이 뚜렷하게 드러나 있으니까요. 이처럼 '자신을 알아 달라'는 인간의 욕망은 뿌리 깊은 것임을 알 수 있습니다.

확실히 다른 사람이 자신을 알아준다는 것은 인정 받은 것 같은 안도감을 가져다줍니다. 하지만 모순되게도 '나를 알리고 싶다'라는 번뇌가 강하면 강할수록 자기주장이 강해지고 말수도 많아져 상대를 피곤하게 합니다.

게다가 완벽하게 이해받지 못하면 직성이 풀리지 않기 때문에 상대방이 "그건 이런 거야?"라고 되묻는다면 "아니 그런 것이 아니고" 등과 같은 반응으로 부정하게 되기 때문에 상대방을 불쾌하게 만듭니다.

저도 조심하지만 가끔씩 "아니 그런 것이 아니라"라고 말해버려서 사람들을 난감하게 만들기도 합니다. 그 결과 사람들이 알아주기는커녕 오히려 거북하게 여기는 경우도 있습니다. '알아줘'를 그만두고 말수를 줄이면 도리어 듣고 싶어 합니다.

'접속 욕심'은
나를 알아주길 바라는
번뇌

인터넷을 통해 사람과 연결되고 싶어하는 마음 뒤에도 자신을 알아주길 바라는 번뇌가 섞여 있습니다.

인터넷은 일기나 몇 마디의 말에서부터 익명 게시판에서의 타인에 대한 비판, 욕설, 험담까지 사람들이 뱉어 낸 엄청난 양의 말들로 인한 몸살을 앓고 있습니다. 그리고 이 말들이 과거의 개인적인 일기와 결정적으로 다른 것은 남에게 보여 주고 싶다는 충동이 작동하고 있다는 것입니다. 즉 자신의 일기나 몇 마디 말을 남에게 보여 주고 '나는 이런 사람이야'라는 것을 알리고 싶어서 누구나 쓸쓸한 발악을 하고 있는 것입니다. 예를 들면 "오늘 제 생일에 친구들이 아카사카

⒜坂)의 호텔에서 축하해줘서 행복했습니다"라고 모두에게 받은 선물 사진까지 첨부하면서 왜 글을 쓰고 싶은 것일까요? 그것은 모두에게 축하와 선물을 받는 내가 이렇게 소중하고 멋진 사람이라는 것을 알아주길 바라는 생각에서 비롯되는 것입니다.

익명 게시판에 쓰는 타인에 대한 욕설 역시 많은 사람들이 보고 반응하는 것을 통해서 자신이 다른 사람을 능숙하게 비판할 수 있다는 것을 알리기 위함입니다. 그래서 아무도 반응하지 않고 아무도 보지 않으면 의욕을 잃게 됩니다.

현대사회를 뒤덮을 것처럼 보이는 거대한 사이버공간은 '나를 알아줘'라는 고독한 말로 번역할 수 있는 문자들로 가득 차 있습니다. 과거 평화로웠던 시대의 일기는 남이 볼 수 없었기 때문에 안심하고 자신의 고독으로 돌아가 한숨 돌릴수 있는 마음의 피난처일 수 있었습니다. 그것을 여러 사람의 눈에 띄게 하여 "알아줘~"라며 마음을 어지럽히는 것에 신중해야 합니다.

●

전에도 말했지만 = 나를 존중해줘

"전에도 말했지만" "몇 번 말해야 알겠어!" 이런 대사 뒤에 숨어서 은근히 마음을 휘젓고 있는 것도 실은 자신을 바라봐 주고 알아주길 바라는 번뇌입니다. 예를 들어 자신의 아이가 시끄럽게 떠들고 있다고 해 봅시다. "일하고 있는데 시끄러워! 다음에도 시끄럽게 하면 정말로 화낼 거야!"라고 야단을 쳤음에도 불구하고 다음날도 아이가 "갸~ 갸~"하고 떠들면 대부분의 부모들은 지난번보다 더 짜증을 내게 됩니다. 그런데 짜증의 원인은 사실 "나는 니가 조용히 하기를 바라고 있으니 니가 이것을 알고, 존중한다면 조용히 해야만 한다"라는 자녀를 향한 응석입니다.

즉 상대방이 자신의 마음을 알아주거나 존중하지 않는다는 느낌 때문에 화가 나고, 그로 인해 튀어나오는 대사가 바로 "몇 번 말해야 알아듣겠어?"인 것입니다. 그런 분노로 인해 마음이 헝클어진다면 "에구구 내가 아이들을 상대로 나를 알아 달라고 응석 부리고 있군. 아이들은 그런 것을 모를 텐데"라고 자성해 보는 것도 좋습니다.

다른 경우도 생각해 봅시다. 동료에게 "전에도 말했지만 지각하면 사전에 미리 문자라도 보내줘요"라고 말하고 싶을 때 여기에는 "나는 문자라도 보내 주지 않으면 매우 짜증이 나니까 먼저 알고 존중해 줘요"라는 의미를 내포하고 있는 것입니다.

하지만 이 경우 보통 화를 내면서 말하게 되기 때문에 역효과를 불러일으켜 오히려 동료와 싸우게 됩니다. 우선은 "내가 아이처럼 나를 존중해 달라고 하고 있구나. 내가 많이 외로운가 보구나"라고 자신의 속마음을 먼저 헤아리고 마음을 가라앉혀 봅니다.

●

답장이 바로 오지 않아도
화내지 않는다

헤어짐을 두고 옥신각신하는 커플의 남성이 재결합을 원하는 메일을 보냈지만 여자 측에서 전혀 답장이 없다. 조바심이 난 남자는 기다리다 못해 "먼저 보낸 메일을 읽었다면 답장 정도는 해줘"라며 재촉하는 메일을 다시 발송한다. 그러나 여자는 남자가 다시 보낸 메일 때문에 더욱 싫다고 느낀다.

　　이런 볼썽사나운 독촉을 하게끔 우리를 내몰고 있는 번뇌는 무엇인지 분석해 봅시다. 이것은 "나는 재결합을 위해 노력하려고 연락했으니 상대는 그 노력을 봐서라도 답장을 해야 한다. 그렇지 않으면 나만 일방적으로 수고하는 것이므로 불공평하다"와 같은 사고입니다. 즉 사물에 공평한 균형이 잡히지 않으면 직성이 안 풀리는 강박관념이 따라다니는 것입니다.

이 강박관념에 붙여진 이름이 바로 '정의감 혹은 정당성(justice)'이라는 번뇌나 다름없습니다. Justice의 어간 'just'는 천칭의 균형을 의미하는 것으로, 사람의 뇌도 균형이 잡히지 않으면 부조화를 느껴 초조해진다는 것을 알 수 있습니다.

그렇다면 자신의 연락에 바로 답장이 없으면 짜증이 나는 것도, 스토커(stalker)가 누군가를 사랑하고 있는데 상대방도 사랑해 주지 않는 것은 이상하다는 망상을 하는 것도, 천칭은 균형이 잡혀 있어야 한다는 '정의감' 때문이라고 합시다.

그러나 자신이 생각하기에 '이것은 당연한데'라고 여기는 것은 뇌가 단순히 천칭의 부조화에 초조해하는 것뿐임을 얼른 알아차립시다. 학교에서 배운 '공평'이라는 잘못된 망상을 버리고 세상은 불공평한 것이 당연하다는 엄연한 사실에 눈을 뜹시다. 그렇게 하면 '답장을 받는 것이 공평하다'라는 정의의 망상에서 벗어나 천천히 느긋하게 '기다리는 능력'이 성장할 것입니다. 뿐만 아니라 기다리는 힘은 자신을 우아하게 해 주고 상대방을 재촉하지 않겠다는 생각까지 하게 되므로, 결국 서로를 위한 것이 됩니다.

●

정의로운 분노의 정체는
복수심

정의감이라는 것도 번뇌의 일종임을 앞에서 이야기했지만 좀 더 고찰해 볼 필요가 있습니다. 친구가 자신을 배신하고 그로 인해 이익을 얻어 사회적으로 성공했다고 가정해 보겠습니다. 배신을 통해 성공한 그 친구가 나중에 비리로 크게 실패했다는 것을 알게 되면 '시원하다, 쌤통이다'라는 감정을 느낄 것입니다. 그러나 뒤집어 보면 우리는 자신이 받은 타격을 상대도 똑같이 혹은 더 세게 받지 않으면 균형이 맞지 않는다는 정의감 때문에 화가 나는 것입니다.

다른 예를 들어 자신이 타인에게 "어째서 당신은 그런 간단한 일조차도 몰라요?"라는 불만을 터뜨렸다고 해 봅시다. 그러면 우리들의 머릿속에서는 자신이 타격을 받았기 때문에 상대에게 이것을 되돌려 주지 않으면 균형이 맞지 않는다는 정의감이 생깁니다. 더군다나 만약 그 상대가 가족처럼 허물없는 관계라면 즉시 균형을 잡기 위해 반사적으로 "당신이야말로 어째서 그런 기분 나쁜 말투밖에 쓰지 못해요?"라는 불쾌한 말로 갚아 주고 싶을 것입니다.

하지만 상대가 회사의 상사나 윗사람이라면 말대꾸를 못하기 때문에 참게 됩니다. 그러나 참았음에도 '괜찮다'는 생각이 들기는커녕 마음속에서는 "제길 그런 기분 나쁜 말을 하다니 두고 보자" 등과 같은 분노가 몇 번씩이나 메아리칩니다.

이는 현실에서 복수하여 '정의'를 실현 못하는 대신 가상의 뇌 속에서 상대를 공격하는 것으로 천칭의 균형을 취하려는 것입니다. 그러므로 이 '정의'의 분노에 사로잡혀 적절한 판단력을 잃은 것을 미리 알면 뇌의 '보복' 시스템으로부터 자유로워질 수 있습니다.

●

정의감을 내세워도
소악인이 될
뿐이다

'정의'라는 것의 위험성을 생각해 볼 때 인터넷에 가득한 공격적인 말들이 도움이 될 것 같습니다. *반면교사(反面教師)로써 인터넷에서는 정치인이나 연예인들의 사소한 실언이나 문제가 드러나면 '축제'라고 불릴 만큼 야단법석을 떨며, 그전까지 호감을 갖고 있던 유명인을 심하게 공격합니다.

이런 경우 많을 때는 수만 건이나 되는 발언이 한꺼번에 연쇄적으로 올라오는 것 같습니다. 예를 들어 "이런 놈은 살 자격도 없어. 죽어라"라던가 "이런 말을 하는 사람이었다니 몰랐어요 사실은 쓰레기였군요"같은 말들입니다. 이는 당사자의 눈앞에서라면 차마 뱉을 수 없을 정도로 심한 말이지만 인터넷에서는 연발되고 있습니다.

이렇게 욕설을 퍼부을 수 있는 것은 "나는 나쁜 사람을 몰아붙이는 올바른 쪽에 서 있는 것이다!"라는 대의명분(大義名分) 때문이겠지만, 사실 직접적으로는 피해를 입지 않은 생판 모르는 사람들이 집단으로 단 한 사람을 공격하고 괴롭히는 행동입니다.

대부분의 사람들은 따돌림을 시키고 시원하게 화풀이를 하고 싶어도 아무 잘못도 없는 사람을 공격해서 자신이 악당이 되는 것은 싫어합니다. 그러므로 악(惡)을 발견하면 정의의 사자가 된 것 같이 느낄 뿐만 아니라 남을 괴롭히는 쾌감을 제지하는 장치까지 빗나가 버립니다.

하지만 그런 공허한 쾌감은 한순간이며 나중에는 우울한 기분만이 남을 뿐입니다. 이 대목에서 정의감 때문에 오히려 추악한 소악인(小惡人)이 되어 버린다는 반면교사를 느끼고 마음을 더럽히는 말에서 멀어지면 좋겠습니다.

✚
반면교사: 다른 사람이나 사물의 부정적인 측면에서 가르침을 얻는다.

지나치게 연결시키지 않는다

●

'틀린 것은 나쁜 것'의 함정

우리가 남에게 '올바른 것'을 떠넘기면 많든 적든 답답함과 초조함의 기분을 공유하게 됩니다. 이번 항목에서는 자숙(自肅)의 의미를 담아서 스스로를 예로 들어 보겠습니다.

가까운 친구가 입버릇처럼 '서서히(徐ろに)'라는 말을 사용합니다만, 아무래도 '갑자기'나 '노골적으로'라는 의미로 이용하고 있는 것 같습니다. 필자는 처음에 "서서히는 천천히라는 의미니까 반대인데……"라고 생각했습니다. 그리고 친구에게 일부러 "천천히(徐に)는 서서히의 서(徐)니까 천천히라는 것이야"라는 설명까지 했습니다. 하지만 친구는 "아아, 그렇구나"라고 고개를 끄덕인 뒤에도 역시 "어!?

그런 갑자기!" 등을 외치고 용법을 바꾸려는 기색이 전혀 없습니다.

그때 나의 마음속에 "기껏 가르쳐 주었는데 아직도 틀리네"라는 생각과 함께 답답한 마음이 생기는 것을 깨달았습니다. 그리고 "그러니까 그건 잘못된 거라니까"라며 말하고 싶어지는 나의 기분을 지켜보니 '틀린 것은 나쁜 것이다'라는 고정관념이 마음속에 도사리고 있는 것입니다. 말하자면 뇌의 신경세포의 연결 상 'A와 B가 이어진다'라는 형태로 회로가 생기면 A = C라는 정보가 들어옴으로써 신경회로가 교란되어 고통이 생기는 것과 같습니다.

이 신경회로의 함정에 빠지면 우리는 내가 옳고 다른 사람은 틀리다고 생각하여 답답해하고 새로운 정보를 즐기지 않습니다. 그렇게 깨닫고 천천히를 이렇게 사용하는 것도 참신하다고 생각하며 즐기기로 했습니다.

014

●

우울할수록 상냥하기

지금까지 '옳다는 것' 때문에 자신도 상대도 괴롭히게 되는 구조를 분석해 왔습니다. 우리는 스스로 자각하고 있는 것보다 자주 나는 옳고, 당신은 틀렸다는 식의 강요를 해 버립니다. 다르게 말씀 드리자면 우리 인간은 지혜가 없는 생물이기 때문에 알고 있으면서도 얼떨결에 상대를 부정해 버려서 서먹해지는 일도 있습니다.

　예를 들어 상대방의 고민을 들어 준다는 것이 "그래 맞아, 전부터 생각하고 있었는데 너는 그 점을 고쳐야 돼"라고 단정지어 말해 버리는 것입니다. 이는 상대방이 약해져 있는 것을 틈타 잘못한 것은 당신이고 그렇기 때문에 내가 옳다고 우쭐해하는 것 입니다.

이 경우 상대방은 자신이 받아들여지지 않고 '옳음'을 강요당했다고 느끼기 때문에 왠지 모르게 머쓱해지는 상태가 됩니다. 그리고 이렇게 공기가 경직되면 서로 기분이 나빠져서 다정한 말, 부드러운 표정과 따뜻한 행동을 할 수 없습니다. 여기서의 문제는 일단 표정이나 행동이 굳어지면 마음까지 눈앞에 있는 상대방이 내 편이 아니라는 기색을 계산하게 되는 것입니다. 즉 '언짢다 → 몸의 불쾌한 변화 → 그 불쾌감을 간파한 마음은 더 불쾌하다'라는 악순환이 생겨 납니다.

　　악순환을 끊기 위해서 우울한 기분을 극복하고 상대방에게 친절하게 대해 줍시다. 예를 들면 "따뜻한 코코아 한잔 어때요?"라며 살짝 차를 내 주는 것입니다. 그러면 나의 마음도 "내가 좋은 일을 해 주고 있네. 그렇다면 이 상대방은 내 편이 틀림없어"라는 생각에 편안해집니다. 이런 의미에서 친절한 행동은 상대방의 마음을 누그러뜨리기 이전에 자신의 마음을 가라앉혀줍니다.

우선순위가
낮아진다고 화내는 것은
부끄러운 일이다

"1개월 전부터 잡아놨던 약속을 택배가 온다는 이유로 파기 당했다" 만화가 구메타 고지(久米田康治)가 "나 따위와의 약속은 아무래도 좋아요"라며 자학적으로 쓴 만화의 권 말 에세이를 재미있게 읽었습니다. 이번에는 만날 약속이 취소됐을 때 마음이 쓰라린 구조를 생각해 봅시다.

　실은 저도 약속이 취소되었을 때 정말로 "택배를 기다리지 않으면 안 돼서요"라는 말을 들은 적이 있었던 것을 상기했습니다. 그때 저 역시 그 이유를 납득하기 어려웠기 때문에 마음에 "네?! 그런 이유로!"라는 불만을 가졌습니다. 그러나 납득할 수 없었던 제 마음을 분석해 보면 내가 택배보다 우선순위가 낮다니 용서할 수 없다는 자존심의 번뇌의 소행임을 알 수 있습니다.

그렇다면 취소의 이유가 갑작스럽게 중요한 일이 생겼기 때문이라면 어떨까요? '나는 일보다 우선순위가 아래'라는 것이 불쾌하면서도 "일 때문이라면 어쩔 수 없지요"라고 하는 사람이 많을 것입니다. 하지만 나를 우선으로 해 주기를 바라는 자존심의 번뇌가 강하면 '일보다 내가 아래'라는 부등식에도 견디지 못하고 초조해지는 것은 다르지 않을 것입니다.

그런데 이런 초조함의 배경에는 '우리들은 택배나 일따위보다 훨씬 가치 있는 존재인데'라는 유치한 생각이 있습니다. 그러나 이런 대사는 부끄러워서 입 밖으로 내지는 못하겠죠. 그 창피함을 자각하면 정신이 번쩍 깨어나 불만도 가라앉습니다.

상대방이 택배를 우선시 해도 기분이 나쁘지 않다면 상급자라고 할 수 있습니다. 거참, 저는 아직 상급자가 될 수는 없는 것 같습니다.

016

●

숨기고 있던
한심한 감정을 인정하면
편해진다

앞에서 말한 것처럼 만나기로 한 약속이 갑자기 취소되고 게다가 그 이유가 '택배를 기다려야 하기 때문에'와 같은 사소한 것이라면 많은 사람이 화를 낼 것입니다. 화를 낼 때 마음 속에는 그런 일로 직전에 약속을 취소하다니 몰상식한 사람이라며 상대방을 비난하는 소리가 소용돌이칩니다.

   하지만 남 앞에 내세우기 그럴듯한 사고의 이면에는 사소한 일 따위보다 우선적으로 존중받지 않으면 직성이 풀리지 않는다는, 사람들에게 숨기고 싶어지는 부끄러운 사고가 숨어 있습니다.

   생각의 이면에 숨어 있는 진정한 사고의 부끄러움을 깨닫게 되면 마음이 가라앉는다고 앞에서 이야기했습니다. 따라서 여기서 고찰하고 싶은 것은 우리가 어느 틈에 부끄러운 사고를 자신에게조차 숨기고 그럴듯한 사고의 가면을 씌우려고 한다는 것입니다.

'존중받고 싶다'라는 사고는 어렸을 적에 누구나 되풀이했겠지만, 대개 부모나 주위에서 부정당하거나 조롱받았을 것입니다. "이제 ○살이잖아"라는 말을 들으면서 부정당한 감정은 무의식적으로 감추게 되고, 대신 모두가 인정해 줄 만한 감정을 가면으로 쓰게 되는 것입니다. 몰상식한 사람이라는 도덕적인 이유로 화를 내면 명분이 생길 뿐만 아니라 적어도 씩씩한 인상을 주는 만큼 긍정적인 자기 이미지를 만들 수 있으니까요.

그러나 솔직한 감정을 감추고 가면을 쓰면 다음과 같은 문제가 있습니다. 사실은 울고 싶은데 화가 난다거나 사실은 괴로운데 기운이 난다고 생각하자 같이 자신의 본심을 자각하기 어려워지고 마음의 회로가 이상해지는 것입니다. 반대로 숨기고 있던 한심한 감정을 인정하면 편안해집니다.

●

다정한 상대를
계속 공격할 수는 없다

서로 사이가 좋지 않아 긴장하고 있을 때 "따뜻한 코코아라도 한잔 할까요?"라며 상냥하게 행동하면 상대방보다 자신의 마음이 먼저 누그러진다고 앞에서 이야기했습니다.

'잘해 주고 있다'라는 행동과 '긴장한다'라는 심리는 화합하지 않기 때문에 뇌의 정보처리를 교란시킵니다. 그리고 혼란을 싫어하는 마음은 상냥하게 대한 사실을 바꿀 수 없기 때문에 감정을 억지로 맞추려고 합니다. 결국 실제로 기분이 누그러지면서 행동과 심리가 화합하도록 감정을 개선해 버립니다.

잘해 주었다는 사실이 인상에 강하게 남아있는 동안에는 서로 아직 어색할지도 모릅니다. 하지만 무의식의 영향을 받아 조금씩 토라진 기분이 강제적으로 사라져 갑니다.

상냥한 대우를 받은 측도 비록 처음에는 "내버려 둬"라며 토라졌지만 계속 토라져 있는 것도 어려운 일입니다. 왜냐하면 '나에게 잘해 주었다'라는 사실과 '적대시한다'라는 심리가 화합하지 않고 뇌에 혼란을 가져오기 때문입니다.

어린 시절 부모에게 토라져 "필요 없다니까!"라고 말했던 것은 상대방이 잘해줬다는 이유만으로 화해하는 것은 비굴하다고 느끼는 자존심의 번뇌 때문이었습니다. 다만 완강하게, 주관적으로는 철저히 항전할 생각임에도 뇌가 정보를 화합시키려는 작용의 세기에는 이기지 못하고 어느새 누그러져 "미안해"라고 말할 타이밍을 재고 있는 것입니다.

말도 행동도 '잘해 주었다'라든가 '공격했다'에 대응하여 먼저 자신의 감정을 바꾸려는 강제력을 가지고 있습니다. 그렇다면 말과 행동을 더욱 신중하게 음미하고 싶어지겠죠?

018

불쾌한 목소리와 몸짓으로 주의를 주면 덩달아 불쾌해진다

그동안 우리의 마음은 자신의 몸이 행하는 행동이나 입이 말하는 내용에 영향을 받아 변화한다는 것을 이야기해 왔습니다. 예를 들어 화가 나는 마음의 변화 때문에 몸의 일부인 표정근육이 굳는다면 마음은 '몸의 변화'를 읽고 긴장하는 것은 초조해져야 하는 것이라는 상태로 옮아가 더 불쾌해지고 스트레스가 쌓이게 된다는 것입니다.

　그런데 이른바 '몸 → 마음'의 부메랑 효과 때문에 상사나 부모가 아랫사람을 주의시켜야만 하는 것은 불리한 역할이라고 생각합니다. 왜냐하면 "여기가 지저분하니 깨끗이 해 두게"라고 불쾌한 기분으로 주의만 줘도 말하기 전보다 말한 후의 불쾌지수가 높아지기 때문입니다.

　　① 더러운 것이 불쾌하다 → ② 싫은 표정과 목소리로 주의를 준다 → ③ 뇌가 "~ 라고 하는 것으로 보아, 상대는 내편이 아니다"라고 착각하여 긴장한다 → ④ 더욱 편할 리 없다

　이런 식으로 부메랑이 돌아오는 것입니다. 이처럼 한 번 말한 것이나 몸의 변화는 항상 다음의 심리 상태에 파문을 던지는 힘을 갖고 있으며, 불교에서는 그 힘을 업(業)이라고 부릅니다. 그래서 부하나 아이에게 주의시키지 않으면 안 될 상황일 때 가급적이면 나쁜 업의 부메랑을 받지 않도록 표정도 목소리도 말의 내용도 온화하고 상대를 염려한 전달 방법이 필요한 것입니다.

　같은 관점에서 보면 여자들이 선물 교환을 자주 하고 싶어 하는 이유도 알 것 같습니다. 여자들의 인간관계는 자칫하면 적대 관계에 빠져 버리기 쉽기 때문에 '선물한다 → 내 편이 된다 → 스트레스 완화'와 같이 작은 선업(善業)을 거듭하고 싶어지는 것입니다.

019

뇌의 과잉 방어에
휘둘리지 말자

"이 사람은 적일까? 나의 편일까?" 생각건대 우리의 뇌는 언제나 눈앞에 있는 사람이 적인지 내 편인지를 상당히 엉성하게 구분하려고 합니다. 이에 대한 증거를 생각나는 대로 몇 가지 이야기해 보겠습니다.

　가령 사귀고 있는 남녀 사이에서 남성이 여성에게 "오늘은 피부 상태가 안 좋은 것 같네"라는 말로 걱정해 주었지만, 여자 측에서는 왠지 불쾌해진다면 그것은 나의 부족한 면을 지적하는 상대는 적일지도 모른다는 뇌의 과잉방어라고 말할 수 있습니다. 또는 자신이 먼저 친절을 베풀려고 했지만 상대방이 "마음만 감사히 받겠습니다"라는 말로 사양하여 마치 거절당한 기분이 들고 불쾌해지면 친절을 거절하는 상대는 적일지도 모른다는 무의식적인 판단 때문이라고 생각됩니다.

사람의 뇌는 "그 경우에는 그다지 기분 나빠하지 않아도 되지 않아?"라는 장면에서도 일부러 있지도 않은 '적'을 찾아내서 스트레스를 느끼도록 설계되어 있습니다. 공교롭게도 사람 역시 동물의 일종으로 '적'을 알아채고 자신의 몸을 지키기 위한 구조가 '지나치게' 발달되어 있는 것입니다. 이 점을 명심하여 불쾌한 기분이 들더라도 마음속으로 뇌가 적으로 착각하고 있는 것일 뿐이라고 생각하여 평정심을 되찾아야 합니다.

반대로 속셈을 가지고 다가오는 세일즈맨이 과한 친절을 베풀거나 사장님, 선생님이라는 호칭을 사용해 호감을 유도하는 경우에도 인식하고 뿌리치려는 여유가 필요합니다. 이것은 아부만 하는 상대를 진짜 아군과 구분하는 것만큼 중요합니다. 때로는 "아군으로 착각하는 것뿐이야"라고 뇌에서부터 인지하고 받아넘겨 평정심을 유지하는 것이 필요합니다.

020

●

인정받고자 하는 욕구가 강하면
자연스럽게 말할 수 없다

즐겁게 말하고 있는 사람의 기분을 불쾌하게 만들기 위해서 일부러 싫어할 만한 말을 할 필요는 없습니다.

우리가 그저 불안한 표정으로 시계를 보거나 상대방의 말에 마음이 없는 듯 하품을 하면서 곁눈질을 하고 혹은 휴대 전화기로 메일을 확인하기 시작하는 행동만으로도 상대방의 마음에는 알 수 없는 초조함이 생겨 자연스럽게 말할 수 없게 됩니다. 우리도 상대방으로부터 '듣질 않는다'는 느낌을 받으면 갑자기 불쾌해지며 말하는 것도 어려워집니다.

상대방이 나의 이야기를 청취함으로써 나의 존재가 상대에게 승인 받는 안도감이 없으면 이야기도 제대로 할 수 없을 정도로 우리는 모두 겁쟁이입니다. 그렇기 때문에 '사람과 이야기할 때에는 상대의 눈을 보며 말한다, 맞장구를 친다, 고개를 끄덕인다' 등이 대화의 예의로서 암묵적인 규칙이 된 것입니다. 천하에 우리 겁쟁이들끼리의 상호 안전보장으로써 말입니다.

사리에 밝은 인터뷰 진행자도 저명인사의 이야기를 들으면서 다소 과장된 어조로 "역시! 네네"하고 맞장구를 칩니다. 이 역시 상대에게 인정받고 싶은 욕심인 자기애(自己愛)를 충족시켜주지 않으면 불쾌하게 생각하기 때문에 이야기를 이끌어갈 수 없다는 것을 알고 있기 때문입니다.

타인의 승인을 요구하는 자기애 때문에 남에게 상담받을 때에도 우리의 본심은 상대가 의견은 말하지 않고 수긍하듯 고개만 끄덕여주길 원합니다. 그래서 모처럼 의견을 들어도 '받아들여지지 못했다'라고 불쾌해지기 쉽습니다. 이 배후에 있는 소심함을 고칠 방법을 다음에서 살펴봅시다.

021
●

마음의 소리를 먼저 들으면
진정된다

내 이야기를 무조건 받아들이게 하고 싶은 승인 욕구가 너무 강해 상
대방의 이야기는 듣기 싫고 자신의 말만 들어 주었으면 한다.

앞에서 이야기한 것은 현대사회의 그런 참상이었습니다. 그렇
지만 그것은 상대방을 "응응, 그래?"라고 맞장구를 쳐주기만 하는 성
능 좋은 응답기계로 얕보는 것입니다. 그 경우 오로지 이야기를 듣는
측은 그 '이용당하는 느낌' 때문에 짜증이 나서 천천히 마음이 떠나게
됩니다.

그렇다면 푸념이나 상담을 하고 싶어 하거나 자랑을 하고 싶어
하는 것처럼 왜 우리들은 타인에게 자신의 이야기를 하고 승인받고

싶어 할까요? 그것은 자신의 목소리가 스스로에게 들리지 않기 때문입니다. 말하자면 자신이 자신과 연결되어 있지 않아 외롭기 때문에 필사적으로 타인에게 들어 달라고 하는 것입니다. 예를 들면 "가게 주인이 주문을 잘못 들었는데 지적을 해도 사과도 하지 않고……"라고 푸념을 하고 싶어질 때 원하는 것은 "그래? 너무했네! 마음 상했겠네"라고 받아주는 것입니다. 하지만 타인에게 받아들여지지 않아도 "사과하지 않아서 아쉬웠구나!"라고 자신이 자신을 받아들여 준다면 그것으로 괜찮은 것입니다.

슬플 때는 "○○ 때문에 슬프구나!"라고 마음 속으로 중얼거려서 자신의 소리를 들어 주고, 화가 날 때에는 "○○ 때문에 화가 나 있구나!"라고 들어 줍니다.

이렇게 자신의 목소리를 스스로 먼저 들으려고 하는 것. 그것이 불교에서 무엇보다 중요한 수행이며 이렇게 자신에게 감정을 들려주면 안심이 되어 마음이 가라앉습니다.

제2장

•

짜증내지
않는다

022

●

내가 무엇에 화를 잘 내는지
체크한다

'꽈당' 의자를 넘어뜨려 버린 아이 때문에 반사적으로 화가 치밀어 올라 "아직 그런 것도 제대로 못하고 위험하잖아 이제 그만해!"라며 전형적인 말로 심하게 꾸짖는 어머니가 있습니다. 뜻대로 되지 않는 육아 때문에 화가 난 어머니가 아이의 '제대로 하지 못함'에 대해 분통을 터트리기는 쉽습니다.

하지만 생각해 보면 '못하는 것'에 대해 혼나는 것만큼 자신의 존재 전체를 부정당한 기분이 들게 하고 위축시키는 일은 없습니다. 예를 들어 욕심에 눈이 어두워 과자를 훔친다거나 자신보다 우수한 친구를 질투심 때문에 괴롭히는 것 또는 자신의 욕망이나 악의에 대해 화가 난 것이라면 상대방이 화내는 것을 납득할 수 있습니다.

　그러나 혼나는 경우 그 이유는 대부분 깜빡 잊은 물건이 많거나 계획성이 부족하거나 요령이 없거나 혹은 어떤 일을 느릿느릿 하는 것 등입니다. 그래서 이 '악의 없는 어리석음'에 대해 핀잔을 들으면 오히려 좀처럼 개선될 수 없을 정도로 공격당하는 것처럼 느껴져 괴로운 마음이 드는 것입니다. 아이들이 이렇게 괴로운 감정을 느끼는 것뿐만 아니라 실제로 부모가 자식을 공격하는 것이 현실입니다. 왜냐하면 아이의 어리석음을 자신의 생각대로 지배하여 바꾸고 싶다는 지배욕이 아이의 어리석음과 직면할 때마다 산산조각이 나서 분노로 바뀌기 때문입니다.

　위의 예를 힌트로 우리가 가진 분노의 끓는점을 확인해 볼 수도 있습니다. 만약 가까운 사람의 무능함이나 요령 나쁨과 같은 '무지'의 번뇌가 용서받지 못하면 분노의 끓는점이 후지 산 정상의 뜨거운 물처럼(기압이 낮으므로 저온에서 끓는다) 너무 낮습니다.

　가까운 사람의 무능함은 웃으면서 용서해도, 그들의 악의는 용서할 수 없다면 평균적인 끓는점이라고 말할 수 있습니다.

●

023

악의 없는 어리석음에 화를 내면
피곤할 뿐이다

분노의 끓는점이 너무 낮아서 타인의 악의 없는 실수에까지 일일이 화를 내는 사람은 곧바로 흥분하게 되고 마음이 혼란해진다고 앞에서 이야기했습니다. 이것은 남의 결점에 대해 지나치게 민감해져 있음을 의미합니다. 결점이라는 것은 '번뇌'를 다른 말로 바꾸어 놓은 것으로 우리가 화를 내는 경우 통상적으로는 상대의 탐욕스러움(욕망), 공격성(분노), 어리석음과 무능함이라는 번뇌임을 알고 화를 내는 것입니다.

　　여기에서 '어리석음'이라는 마음의 헷갈림 때문에 결과적으로 실패하거나 실례를 일삼는 경우라도 그 배후에 탐욕스러움이나 공격성의 동기가 없는 경우 어쩔 수 없다는 태도가 종종 있습니다. 이것은 어디까지나 심정의 동기를 중시하고 결과는 탓하지 않는다는 것으로 '심정 윤리' 등으로도 불립니다. 그리고 동기가 나쁘지 않더라도 어쨌든 결과로서 실패했다면 비난받아야만 한다는 자세는 '책임 윤리'라고 불리는 것에 가깝습니다.

여기에서는 어느 쪽이 옳다는 것을 말하려는 것이 아니며 단순히 책임 윤리적으로 타인을 비판하는 마음은 흐트러지기 쉽고 괴로운 것이라고 말하는 것으로 그칩시다. 즉, 악의는 없고 단순히 어리석음이나 무능함 때문에 실패해 버린 우리의 아이들이나 부하에 대해 화가 치밀어 올라 용서할 수 없는 기분이 든다면 화가 나는 계기가 너무 많아서 마음이 편할 틈이 없습니다. 아무튼 인간은 실패하는 생물이니까요.

저는 다행인지 불행인지 옛날부터 멍한 부분이 있어 물건을 떨어뜨리거나, 잃어버리거나 날짜를 잘못 알아서 야단맞는 편이지만, 상대방의 악의 없는 어리석음에 화를 내면 피곤하다는 것을 알고 용서해주길 바랍니다.

●

024

"하지 않아도 됩니다"는
"해 주세요"를 의미한다

"괜찮아, 괜찮으니까 안 해 줘도 돼. 힘들잖아?" 얼핏 사양하는 듯 들리는 이 대사를 통해 우리는 풀지 못할 꺼림칙한 수수께끼와 직면하게 됩니다. 즉 정말로 '하지 않아도 좋다'는 것인지 혹은 그것을 무릅쓰고라도 '아니야 해줄게'라는 마음을 요구하고 있는 것인지는 수수께끼이기 때문입니다.

그리고 대개 "그럼 그만두겠습니다"라고 대답하면 상대가 시무룩해진다는 점에서 "하지 않아도 됩니다"라는 것은 거짓이고 사실은 "해 주세요"라는 암호라는 것이 판명됩니다.

그 전형적인 패턴을 몇 가지 나열해 봅시다. 파트너에게 말하는

"바쁘면 가지 않아도 좋아"(암호 = 바쁘더라도 나를 위해서라면 "꼭 같이 가고 싶다"라고 말해 줘야만 한다!) 자식이 부모에게 "이제 됐어요! 필요 없어요"(암호 = "사 준다면 할 수 없이 받아 줘야지!") 연인의 휴대 전화기가 울렸을 때 "문자가 도착했네. 안 봐도 돼?"(암호 = "나중에 봐도 된다고 말해 줘!")

　거참, 예를 들자면 끝도 없이 세상은 이런 암호에 가득 차 있기 때문에 잘못 판독하면 상대방의 기분을 상하게 해 버리니 무서운 것입니다. 그야말로 "제발 살려 줍쇼"하는 마음입니다.

　돌이켜 보면 우리 자신들도 스스로 모르는 사이에 이런 암호를 정해 버리고 상대가 해독해 주지 않는다고 심기가 불편해져버린 일이 있지 않나요? 번거로운 암호화일 뿐인 "알아차려 줘!"의 번뇌를 가라앉히고 솔직한 마음을 전하고 싶어집니다.

●

025

"이제 됐어"에 숨어 있는
유아적 성향

"너희들이 그렇게 의욕이 없다면 이제 이 프로젝트에 참가하지 않아도 좋아" 상사가 화를 내고 있는 이 같은 상황에서 "네 그러면 참가를 취소하겠습니다"라는 대응은 당연히 오답으로 분노를 더욱 유발시킬 것입니다.

상사가 원하는 정답은 "아니요 의지는 있습니다. 다시 한 번 기회를 주세요"라는 대답입니다. 참석하지 않아도 된다는 뿌리침은 상대방이 반드시 참석시켜 주길 원하도록 즉 겸손하게 만들기 위한 암호입니다. 이와같이 "이제 됐어"라는 대사는 깊이 생각하기를 기대하며 발생합니다. 그러나 빙 둘러서 말하는 암호를 통해 타자를 종속시키려고 하는 사고는 유아처럼 느껴집니다.

　이러한 암호에 이골이 나는 원인은 유년기에 "이제 됐어"라며 토라지면 부모님이나 친구들이 난처해하며 어리광을 받아 준 기억이 악행으로 주입되었기 때문입니다.

　언뜻 보기에 "나는 한심한 암호 따위는 입에 담지 않는다"라고 굳게 마음먹고 있는 훌륭해 보이는 신사지만, 의외로 누구나 번거로운 암호로 타인을 괴롭히는 유아성을 숨기고 있는 것을 알 수 있습니다.

　상대방에게 암호를 해독시켜서 "아니요 하게 해 주세요"라고 말하게 하고 싶은 횡포는 본인의 뇌에서 타인을 지배할 수 있다는 전능(全能)한 느낌의 쾌감을 줍니다. 그러나 그 뇌 안의 유희 때문에 현실에서는 제멋대로이고 다루기 힘든 사람이나 비호감으로 평가받습니다. 또한 존경하는 척은 하지만 실제로는 존경 받지 못합니다.

　그러므로 "이제 됐어"라며 토라진 암호를 시작할 때마다 "상대를 괴롭히고 싶어 하는 유아적 성향이구나!"라고 원인을 주시하여 단념해야 합니다.

026

●

타인을 향한 짜증은
번뇌의 연쇄

"이건 용서할 수 없어!(짜증)" 우리는 여러 가지 일로 타인에게 화를 내고 마음을 어지럽힙니다. 이 경우 상대의 무엇을 용서할 수 없는지 냉정하게 분석해 보면 그것은 상대의 번뇌라는 것을 알 수 있습니다. 예를 들면 깐죽거리는 말투로 말하는 것이 짜증나는 것은 상대의 '분노'라는 번뇌를 용서할 수 없기 때문입니다.

"정치가나 관료가 부당하게 돈을 챙기고 있는 것이 짜증난다"는 것은 상대의 욕망이라는 번뇌를 용서할 수 없는 것입니다. "항상 우물쭈물하여 실패하는 것이 불쾌하다"는 것 역시 상대의 어리석음이라는 번뇌를 용서할 수 없다는 것입니다.

여기에서 제시한 분노, 욕망, 어리석음의 세 가지 번뇌는 불교에서 마음을 분석하기 위한 기본 요소입니다. 그것을 근거로 생각해 보면 우리가 남에게 짜증이 난다는 것은 '상대의 분노, 욕망, 어리석음에 대해 우리의 분노라는 번뇌가 연쇄하고 있다'로 바꿔 말할 수 있을 듯합니다.

　　우리는 타인의 번뇌에 대해서는 대단히 민감하게 감지할 뿐만 아니라 매우 호되게 분노를 갚습니다. 상대방에게서 주의를 받으면 짜증스러워서 변명하고 싶어지는 것도 주의를 주는 사람의 분노, 즉 공격성을 감지하고 있기 때문입니다. 상대가 약속을 어기거나 거짓말을 하거나 할 때 화가 나는 것도 상대가 자신의 욕망을 우선시하는 것을 감지하기 때문이며, 타인의 실패를 용서할 수 없을 때에도 어리석음을 감지하기 때문에 화를 내는 것입니다.

　　"용서할 수 없어!"라고 짜증날 때마다 이 연쇄를 자각할 것을 추천합니다. '역시 분노에 대해 화가 나 있구나' '욕망에 화가 나 있구나' '어리석음에 나의 분노가 연쇄(連鎖)하는구나' 등입니다. 원인과 결과 즉 인과(因果)를 알면 차분해집니다.

027

●

번뇌의 연쇄를 자각하면
마음이 가라앉는다

우리가 상대방에게 화를 낼 때에는 그 사람의 ① 분노(공격성攻擊性) ② 욕망(수탈성收奪性) ③ 어리석음(무능성無能性)의 세 가지 종류의 번뇌 중 하나를 감지하고 그것에 대해 화내는 것이라고 앞에서 이야기 했습니다. 이 세 종류의 타인의 번뇌에 대해 '번뇌를 돌려받는 것은 싫다'라고 스스로 분노의 번뇌를 연쇄시키고 있는 것입니다.

　세 종류의 짜증 중 가장 자연스러워 보이는 것은 사람이 보내는 분노에 대한 분노입니다. 비판받거나 공격받으면 보통 생명에 위협을 받기 때문에 동물적인 방어 본능으로 분노가 발동되기 쉬운 것입니다.

다음은 욕망입니다. 그로 인해 자신의 몫이 적어집니다. 예를 들면 타인으로부터 자기애의 욕망을 드러내는 자랑을 듣게 되면 자신의 '자존심의 몫'을 빼앗겨 애가 타게 됩니다. 실제로 크게 손해를 본 것도 없는데 말입니다.

그렇다면 어리석음 때문에 무심코 실수한 것에 대해 초조해져 버리는 것은 어떨까요? 이 역시 간접적으로는 약간의 괴로움이 있을지 모르겠지만 거듭되는 실질적인 손해는 적습니다.

이것들은 나날이 자신의 '성내는 성질'을 재는 바로미터가 될 것입니다. 사람의 공격성에 초조해지는 정도면 화를 내는 성질 1포인트입니다. "오늘은 평소와 달리 왠지 상대방의 자기 이야기에 짜증이 난다" 등 그다지 실질적인 손해가 없는 욕망을 용납할 수 없다면 2포인트입니다. 그리고 "이 사람이 나를 도와주는 것은 좋지만 말한 대로 해 주지 않는다!"라며 감사의 말 보다는 불만을 이야기하고 싶을 때와 같이 어리석음에 짜증이 나는 것은 성내는 성질 3포인트입니다.

별로 실질적인 손해도 없는 사람의 번뇌에 짜증이 날 때는 "내가 쉽게 화를 내는구나!"라고 자신의 시각을 180도 회전시켜 봅시다.

028

•

"친절하게 대해 주지 않으면 나도"라는
싸움은 헛된 것이다

"요즈음 당신은 아무렇지도 않게 나와의 약속을 어기는군요. 그래서 이제부터 당신에게 친절하지 않기로 했어요"

이러한 사고를 이른바 '눈에는 눈 이에는 이'라고 합니다. 사람과 사람이 사귀는 교제에서 초면에는 상대의 마음에 들기 위해 열심히 노력하기 때문에 보통 약속을 지키고 친절하며 예의 바르게 행동합니다. 즉 상대방을 존중하려고 합니다. 그런데 상대를 열심히 존중하는 것은 피곤하기 때문에 서로의 관계가 친밀하고 익숙해지면 누구나 열심히 하지 않게 되는 것입니다.

전에는 약속을 잘 지켰는데 점점 지키지 않는다. 전에는 상냥하게 말을 걸어 주었는데 점점 그러지 않는다. 그러면 우리는 전에는 자신을 존중해 주었는데 존중도가 하락했다고 인식하기 십상입니다.

　우리는 타인에게 어떻게 취급받는가에 따라 자신의 가치가 오르락내리락한다고 착각하고 있습니다. 그래서 "존중받지 못하게 되었다 → 자신의 가치가 하락했다!"라고 생각하며 슬며시 원한까지 생깁니다.

　상대가 자신에 대한 존중과 배려를 하지 않는데 자신만 여전히 상대를 소중하게 대하면 왠지 모르게 지는 기분이 듭니다. 그래서 상대에 대한 존중과 가치를 낮추는 것으로 복수를 하고 싶은 것입니다.

　그러면 상대 역시 '나의 가치가 떨어졌다'라며 상처를 받고, 그에 대한 보복으로 애정과 배려를 하지 않게 되는 것입니다. 이른바 평가절하 경쟁입니다. 이는 친밀한 사이일수록 헤어나지 못하게 되기 십상이기 때문에 주의해야 합니다.

029

•

좋은 대우를 받았을 때야말로
제행무상을 생각한다

"상사에게 칭찬을 받았으니까 자신의 가치가 올라갔다" "일에 실패해 자신의 가치가 떨어졌다" "파트너에게 오랜만에 마음이 담긴 선물을 받아서 자신의 가치가 올라갔다"와 같이 인간은 결국 '나'라는 가치의 등락 밖에는 관심이 없는 것처럼 보입니다.

그러나 여기에는 커다란 함정이 있습니다. 스스로 내심 자신을 가치 있는 사람이라고 믿는 것은 어렵기 때문에, 남이 나를 존중하고 소중하게 대해 주거나 특별하게 취급하는 것을 보고서야 겨우 나는 이렇게 대우받기 때문에 가치가 있다라고 생각할 수 있으니까요. 즉 우리는 자신의 가치를 끌어올리기 위해 남의 애정이나 평가에 의존

하는 것입니다.

하지만 전항에서 설명했듯이 남의 애정이나 배려라는 것은 언제나 얻을 수 있는 것이 아니며, 대부분 오히려 서서히 줄어드는 것입니다. "전에는 칭찬해 줬는데 최근에는 인정해 주지 않는다" "전보다 메일 내용이 건성이다" 등과 같은 감정을 느낀다면, 앞서 상대방의 평가와 배려를 통해 자신의 가치를 올렸기 때문에 상대방 때문에 가치가 떨어졌다고 오히려 원망하고 싶은 것입니다.

그렇기 때문에 상대에게 잘해 주고 가치가 올라갔다고 기뻐하는 것은 앞으로 대우가 나빠질 것을 감안하면 가치하락과 짜증을 초래하기 위한 시한폭탄을 장치한 것과 같다고 할 수 있습니다.

이러한 '요동(급격한 변동)'을 막으려면 좋은 대우를 받았을 때야말로 기뻐하는 대신 이 대우도 일시적인 것, 머지않아 지나가 버리는 것으로 생각하고, 제행무상을 염두에 두고 집착을 내려놓는 것이 특효약입니다.

●

030

왜 어른이 되어도
부모의 말에는
흔들리는 걸까?

"그 생각 아무리 봐도 이상하지 않니? 그런 생각으로 사람들을 잘도 가르치고 있구나" 최근 부모로부터 이런 말을 듣고 아차 하는 순간에 울컥하였습니다. 그리고 잠시 나의 이 분노를 지켜보고 있다가 문득 짐작했습니다. 이 '울컥'의 내용은 표면적으로는 "이 무슨 무례한 말투인가!"라는 분노입니다. 그러나 그 배경에는 부모가 나의 존재를 부정했기 때문에 위협받고 있다는 나약함이 있는 것입니다.

그리고 자신이 잘하고 있으며 그런 비난을 들을 이유가 없다는 듯이 자신을 향한 부정에 반박하고 싶은 생각이 소용돌이 치고 있는 것을 알았습니다. 즉 부정당하는 것을 매우 무서워하기 때문에 그것을 거부하기 위해 화를 내는 것입니다.

　부모로부터 뿐만 아니라 사람은 누구나 부정당하는 것은 좋아하지 않습니다. 하지만 부모로부터 싫어하는 말을 들으면 유난히 마음이 교란된다는 이야기를 자주 듣습니다.

　우리가 무력한 아이였을 때 부모는 자식의 생존을 좌우하는 힘을 갖고 있었기에, 부모로부터 부정당한다는 것은 생존을 위협받는 것이라고 마음에 새겨져 있습니다. 우리가 성장하고 어느새 부모의 지배에서 벗어나도 마음이 '이 사람들에게 부정당하면 생존을 위협받는다'라고 기억하는 이상, 아무리 나이를 먹어도 부모가 하는 나쁜 말에 과민 반응하기 쉬운 것입니다.

　이렇게 해서 세상에는 '부모의 사소한 한마디 → 울컥하는 아이 → 부모와 자식 간의 싸움'이라는 패턴이 넘쳐납니다. 부모의 한마디에 울컥할 때 그 배경에는 겁에 질려 부모에게 속박당하고 있는 자신의 마음이 있다는 것을 알아차릴 필요가 있습니다. 분노의 정체를 알면 어느 정도 마음이 편안해지기 때문입니다.

●

031

가족을 통제하고 싶은 지배욕은
불행의 근원

"애써 밥을 차렸는데 바로 오지 않아서 식어 버렸잖아요" 이런 이유로 상대나 아이에게 화를 내는 장면은 흔히 있는 일입니다.

이런 짜증의 배후에는 '가족을 통제하고 싶다'라는 지배욕이 있습니다. 그 지배욕이 강해지면, 예를 들어 목욕 순서나 시간을 정했을 때에 가족이 그것을 조금이라도 지키지 않으면 "아직이야!" "뭐 하고 있어 빨리 해!" 등과 같은 말로 신경질을 내 버립니다.

여기서 핵심은 목욕 시간이 다소 지났다고 해도 실질적인 손해는 거의 없기 때문에 그런 일로 짜증을 내면 마음의 피해만 막심하다는 것입니다. 자신의 마음이 삐걱삐걱할 뿐 아니라 그러한 지배욕에 의한 분노에 맞닥뜨린 파트너나 아이에게서 반격이 되돌아오는 것입니다. 가령 아이가 "고작 목욕하는 일로 남의 자유를 빼앗을 권리는 없어요!"라고 난폭하게 반항한다면 싸움이 될지도 모릅니다.

이것은 단순한 하나의 예입니다만, 사실 가정 내에서의 정신적 권력 투쟁이 행해지고 있는 것은 아닐까요? 부모는 필사적으로 아이를 지배하려고 하고 아이는 자신의 힘이 미치는 범위를 빼앗기지 않기 위해 저항하는 것입니다.

가족이라는 닫힌 영역에서는 자신의 가치를 높이고 지배하기 위해 상대의 입지를 약화시키고 싶다고 생각하기 쉽습니다. 그러면 부부도, 부모와 자식도 권력을 쟁탈하려고 하는 라이벌 같은 존재가 되어 버립니다.

이와 같이 '생각대로 하고 싶다고 할수록' 가족과의 권력 투쟁에 휘말려 서로를 불행하게 합니다.

032

'하지만' '그러나'라는
감정을 억눌러 권력투쟁을
회피한다

가족의 내부에는 가족끼리의 권력 다툼으로 가득 차 있다고 앞에서 이야기했습니다. 쉽게 예를 들면 시어머니와 며느리 사이에서 청소하는 방법이나 식기를 놓는 방법을 둘러싼 가치관의 대립이 그렇습니다. "냄비는 여기에 겹쳐 두었으면 좋겠네" "하지만 겹쳐두지 않는 편이 건조하기 쉬울 것 같아서요"와 같은 대화 말입니다. 이때 '하지만'이라는 말에 함의되어 있는 것은 단순히 냄비의 두는 장소를 결정함을 넘어, 시어머니의 지배욕에 대한 권력 투쟁인 것입니다. 그래서 시어머니와 며느리의 사이가 험악해집니다.

혹은 필요 없는 것은 버리고 정리함으로써 주변 환경을 깨끗이

하길 좋아하는 A와 어느 것이든 아깝다며 모으는 B가 가족을 이룬다면 힘들 것입니다. A에게는 버려서 깨끗이 하는 것이 현명하고 당연하게 보이지만 간직해 두는 것이 당연한 B의 눈에는 그 물건이 아깝게 보이기 때문입니다.

그래서 "이거 버려도 돼?"라는 질문에 대해 "버리지 마"라고 대답할 뿐 아니라 "그렇게 무엇이든 버리다니 아깝다고 생각되지 않아?"라던가 "당신만의 소유물이 아닌데 버릴 권리는 없잖아!"라고 분노를 품은 공격에 부딪칠지 모르는 것입니다.

여기에서는 A와 B의 '당연한 것'이라는 사고방식에 사로잡힌 견해의 번뇌가 충돌하여 상대의 영토를 침략하려는 것입니다.

이런 종류의 권력 투쟁에 휘말려 헛된 논쟁을 시작하지 않는 요령은 제일 처음에 예로 들었던 '하지만'이라는 말을 하지 않는 것입니다. 상대의 '당연함'에 대해 자신을 지키고 싶어서 '하지만'이나 '그러나'라고 말하고 싶을 때는 "생각해 볼게"와 같은 말로 상대를 먼저 안심시키고 감정을 잠시 누그러뜨린 뒤 재기를 꾀해 보기로 합시다.

033

●

있을 수 없다는
오만과 무관용

"있을 수 없어!"라는 틀에 박힌 말을 자주 듣게 된 것은 제가 고등학생일 때쯤이니까 15년 정도 전부터 사용되던 말이 되겠죠? 이 대사는 지금 일상적인 용어로 정착하여 "그게 뭐야 있을 수 없는 거잖아" 등과 같이 대상을 완전히 부정하고 미묘하게 바보로 만드는 것처럼 사용되고 있습니다.

보통은 실패하지 않을 만한 간단한 일에서 실수를 한 부하직원이나 모두가 웃고 있는 자리에서 갑자기 자신의 어두운 이야기를 하며 분위기 파악을 하지 못하는 사람에게 혹은 TV로 보도되는 흉악 범죄에 대해서도 "있을 수 없다"라고 합니다. 이 말을 글자 그대로 찍어 보면 '그것은 일어날 리 없다'라든지 한발 앞서 '일어나서는 안 된다' '비상식적인, 일어나지 않아야 되는 일'이라는 의미가 됩니다. 그런데 이런 관점에서 생각해 보면 "있을 수 없어!"라는 말에는 어렴풋하게 오만한 울림이 포함된 이유가 있습니다.

이 어렴풋한 오만함에는 "일어나야 할 일과 일어나지 말아야 할 일은 전적으로 '나'의 상식에 따라 정해지는 것이므로 타인과 세계는 그것에 따르세요"라는 뉘앙스가 담겨 있습니다.

그런데 이 오만함은 현실의 눈앞에서 일어나는 사실을 있을 수 없는 일로 거부하게 함으로써 우리가 관용이라는 감정을 갖지 않게 합니다. 그리고 이는 실망스런 마음을 불러일으킵니다.

그러나 현실에서 자기 생각을 넘어서는 일이 일어나는 것은 당연합니다. 지진도 일어납니다. 화재도 일어납니다. 범죄도 일어납니다. 배신도 일어납니다. 불합리한 대우도 일어납니다. 원전 사고도 일어납니다. 전쟁도 일어납니다.

그렇습니다. 모든 것에 대해 "있을 수 있다"고 생각을 바꿀 수 있으면 마음은 강해지는 것입니다.

●

그 어떤 범죄, 재해, 배신도
일어날 수 있다

타인의 말과 행동이 자신의 상식과 어긋날 때 우리는 부정함으로써 우월감을 자극받습니다. 정치가의 실언부터 타인의 약속파기까지 "있을 수 없어!"라고 반응합니다. 이것은 결국 "나는 그런 몰상식한 인간이 아니라 양식 있는 훌륭한 사람이다"라고 스스로를 타이르는 것입니다.

　이 대극(對極)이었던 것이 [+]『탄이초(歎異抄)』에 남아 있는 [++]신란 (親鸞)의 말로 요약하자면 다음과 같습니다. "자신이 살인을 하지 않은 것은 그 마음이 선하기 때문이 아니다. 우연히 접한 상황이 그렇게 주어졌기 때문에 강탈과 살인을 하지 않고 살아 있을 수 있지만 그럴 만한 환경과 정신 상태에 처한다면 도둑질도, 살인도 할 것이다."이 말은 신란이 제자인 ⁺⁺⁺유엔(唯円)으로부터 자신이 내리는 지시가 뭐든지 따르겠다는 대답을 받고 "그러면 지금부터 많은 사람을 죽이고 오너라" "할 수 없습니다"라고 주고받는 대화에서 시작됩니다. 신란은 "거봐라, '뭐든지 듣겠습니다'라고 말했는데도 못하지 않니. 그건 너의 마음이 선해서가 아니라 우연히 지금은 살인을 할 열악한 정신 상태에서 살고 있지 않기 때문이야"라고 말합니다. 신란은 어떤 무례한 발언도, 약속의 파괴도, 범죄자도 '있을 수 있다'고 생각했던 것입니다. 현재의 자신은 그것을 하지 않아도 될 상황에 있었을 뿐 상황이 바뀌면 살인을 할 수 있는 씨앗을 감추고 있는 것입니다.

나도 그럴 수 있다는 잠재적인 가능성을 자각하면 솔직한 상황을 인정하는 마음이 생길 것입니다.

✛
『탄이초』: 신란의 법어를 수록한 법어집으로 저자는 신란의 제자 유엔이라는 설이 일반적이다.

✛ ✛
신란: 정토진종(淨土眞宗)의 창시자로 가마쿠라 시대 초기의 승려이다.

✛ ✛ ✛
유엔: 정토진종의 승려. 탄이초의 실질적인 저자이다.

●

035

사죄할 때는 변명을
덧붙이지 않는다

우리의 마음은 "너는 언제나 사람 말을 잘 안 들어줘서 화가 나!"라는 말로 몰아세우면 방어 반응 때문에 곧바로 경직되기 쉽습니다. 혹은 다음처럼 이어진다면 어떨까요? "그때도 내가 그렇게 고생하고 있었는데 너는 차가운 태도였어. 정말 냉정하다니까……."

자신을 지키기 위해 "너도 ○○하는 주제에"라는 분노로 대응한다면 당장이라도 싸울 듯이 덤벼드는 상대와 충돌할 것이 뻔합니다. 마음을 유지하기 위해서는 분노를 되갚는 것은 막론하고, 상대를 달래기 위해 사과하는 것도 의외로 성가십니다.

설령 "미안해, 확실히 그렇다고 생각해. 앞으로 조심할게"라고 말할 수 있다 하더라도 종종 ⁺사족(蛇足)을 덧붙이고 싶어집니다. 앞의 예에서라면 "하지만 사실은, 그때만큼은 달라, 일이 너무 바빠서 여유가 없었어" 같은 것입니다.

저의 경우 이런 사족을 붙임으로써 상대방의 오해를 풀고 싶다고 생각하지만 이것들은 공교롭게도 모조리 역효과입니다. 상대방은 사과하고 있는 주제에 부분적으로 반박한다고 받아들여 더욱더 화를 냅니다. "그 경우는 아닐지도 모르지만, 그럼 ○○ 때는……"이라고 더욱 몰릴 뿐입니다.

그래서 화가 나 있는 상대가 내놓는 구체적인 예나 설명에 실수나 오해가 있더라도 '그것을 정정하고 싶다'라는 올바름에 대한 욕망을 내려놓아야 합니다. 여기서는 사과하고 화해하는 것을 가장 우선한다고 마음먹었다면, 상대방의 발언에 어느 정도 이상한 부분이 있었다고 해도 지금은 참고 말없이 상대의 얼굴을 조용히 보고 차분히 고개를 끄덕여 줍시다.

⁺
사족: 화사첨족(畫蛇添足), 뱀을 다 그리고 나서 있지도 않은 발을 덧붙여 그려 넣는다는 뜻으로 쓸데없는 군짓을 하여 도리어 잘못되게 함을 이르는 말.

●

036

"나를 이해해주면 좋겠다"라는
욕망을 내려놓는다

화가 나 있는 사람들에게 비난받을 때 변명을 덧붙이면 상대는 더욱 분노하기 때문에 사과할 때는 사과만 하는 것이 좋다고 앞에서 이야기했습니다. 그러면 단순한 변명이 아닌 "하고 싶은 말은 알지만 논리나 구체적인 예가 옳지 않다"처럼 상대방이 '틀렸다'라고 느낄 때는 어떨까요.

예를 들면 "당신은 항상 약속에 늦는군요. 게다가 그 이유는 항상 쇼핑에 정신이 팔려서거나 긴 전화 통화 탓이거나 하는 이기적인 이유이기 때문에 화가 나요!"

이런 대사에서 우리는 지난번 약속에선 지각을 하지 않았다 든가, 이번에는 전차의 지연 때문이었다든가 하는 오류를 찾고 싶어집니다. 그래서 "미안"이라고 사과하면서도 "그런데"를 덧붙여 "전에는 지각 안 했다고 생각하는데……"라거나 "이번에는 전철 탓이니까, 항상 제멋대로는 아니란 말이야"라고 생각합니다.

그러나 변명과 마찬가지로, 상대방은 잘못을 지적당해 반격을 당한 것이라 착각하고 "그래도 거의 언제나 그렇잖아요!"라고 더 감정적이 됩니다.

우리는 사과하며 양보했으니까 상대방도 부분적인 정정 정도는 들어 주어야 한다고 생각하는 경향이 있습니다. 때문에 들어주지 않고 더욱 화가 난 상대방에게 "사과하고 있는데"라며 화를 내는 것입니다. 이런 상황에서도 우리의 뇌는 '옳음'이란 병에 침범당해 "나를 오해하지 말아 줘"라고 이해받고 싶어하는 욕심에 눈이 어두워 있습니다.

그러나 그렇게 인식하게 된다고 해도 욕심보다 상대방의 분노를 가라앉혀 주는 실익이 우선입니다. 지금은 오해받아도 상관없다는 용기를 발휘해야 할 것입니다.

●

037

"나를 이해시키고 싶다"는
사람들의 쓸쓸한
엇갈림

우리가 숨기고 있는 다양한 욕망 중에서도 자신을 타인에게 정확히 이해시키고 싶다는 욕망은 상당히 강렬한 부류에 속합니다. 예를 들자면 다음과 같은 사소한 교환 속에도 그 욕망은 은밀하게 드러나기 때문입니다.

어느 날 일을 마친 뒤, 함께 일을 하시는 분이 "장시간의 강연때문에 힘들었겠네요 피곤하시죠?"라며 모처럼 찾아와 주셨습니다. 그러나 저는 "전혀 피곤하지 않아요. 명상이 잘 되었을 때에는 피곤하지 않습니다"라고 대답해 버렸습니다.

이는 상대방의 '피곤할 텐데'라는 예상이 착각에 불과하고, 나는 정말 건강하다는 올바른 정보를 통해 자기주장을 하고 싶어하는 것입니다. 그런데 이렇게 정정함으로써 상대방은 커뮤니케이션 자체가 받아들여지지 못한 것처럼 느끼고 머쓱해하기 십상입니다. 상대방에게는 실제로 지쳐 있는것이 중요한 것이 아니라, 다만 당신을 걱정하고 있다는 메시지를 전하겠다는 것이 주된 목적이었을 것이기 때문입니다.

이처럼 상대방의 깊은 배려를 망치는 것은 자신을 이해시키고 싶어하는 병입니다. "당신은 새를 좋아한다고 생각하는데……" "아니 모든 새가 아니라 오리와 공작을 좋아해" 등.

우리 대화의 대부분은 이렇게 상대방과의 대화를 가로막는 바람에 쓸쓸하게 엇나가고 있습니다. 상대방을 이해하려 하지 않고 자신을 이해시키려고만 하기 때문입니다. 아마 뇌가 자신의 상태나 흥미, 성격 등을 보다 올바르게 알리는 것이 더 정확한 대우를 받을 수 있다고 판단하기 때문일 것입니다. 그러나 뇌는 타인과의 교제에 서투릅니다.

●

038

정의를 외치는 사람은
왜 수상쩍을까?

우리가 가진 선과 악, 우열(優劣)의 가치관에 내재된 수상쩍음에 대해 고찰해 봅시다. 예를 들면 저는 이전에 스포츠는 야만이다. 남이 스포츠를 하는 것을 TV로 보고 감정이입하여 희로애락(喜怒哀樂)에 흔들리는 것도 야만적이라는 부정적인 가치관을 가지고 있었습니다.

하지만 그 가치관이 완성되기 전을 회고해 보면 어린 시절에 야구나 피구에 열중했지만 모두 남다르지 못했다는 굴욕감이 있었습니다. 처음에는 조금이라도 연습해서 잘해 보겠다고 단단히 마음먹고 있었기에 저도 스포츠를 잘하는 것은 좋은 일이라는 가치관을 갖고 있었던 것입니다. 그래서 허약 체질의 소년에게 '좋은 일'을 잘하지 못하는 자신은 '열등하다'라고 느껴졌고 이것은 괴로운 일이었습니다.

저는 이 괴로움을 부정하기 위해서 원래 스포츠는 야만적이고, 스포츠에 빠져 있는 사람은 열등하다고 가치의 기준을 뒤집는 것이 좋았습니다. 그 결과 '스포츠를 외면한 자신은 뛰어나다'라며 작게나마 자존심을 지킬 수 있던 것입니다.

이렇듯 약자가 게임의 룰을 자신이 이기고 있는 듯한 내용으로 바꿔 버리는 비굴한 근성을 날카롭게 간파한 것이 독일의 철학자 프리드리히 니체(Friedrich Wilhelm Nietzsche)입니다.

『도덕의 계보(The genealogy of morals)』에서 니체는 '다른 사람을 위한'이라는 선한 도덕은 '타인을 생각하지 않는 강자는 열등하고, 남을 위해 애쓰는 우리들(약자)은 뛰어나다'라는 식으로 약자가 역전하기 위해 만들어 냈다고 생각합니다. 그렇다고 하면 정의를 소리 높여 외치는 사람의 목소리가 수상쩍게 들린다는 것입니다.

●

039

상대의 어리광을 먼저 받아들이면
대화의 질이 향상된다

도장을 이전할 즈음 몇 군데의 부동산에서 안내받았을 때 생각했던
것이 있습니다. "이 토지의 습기는 괜찮을까요?"라고 질문했을 때
"오히려 이 토지만큼 훌륭한 곳은 다른 곳에는 없으니까 추천합니다"
라는 식의 답변을 받고 기분이 시들해져 버린 것에 대해서입니다.

　당시의 제 속마음은 이랬던 것 같습니다. ① 상대가 나의 말을 받
아들이지 않고, 관계가 있을 것 같지만 사실은 없는 화제로 바꾸고 있
다. ② 질문 자체를 부정하듯이 '오히려'라고 부정하고 있다. ③ 무엇
과 무엇이 '역(逆)'인지 납득이 가지 않는다.

　① 과 ② 는 무의식적으로 상대의 이야기를 제대로 들어 주지

못한 저의 허술함때문에 시들해진 기분이 된것 입니다. 그러나 이 허술함을 주시하고 파악하는 것은 상대방의 책임이 아니라 나의 일입니다.

　한편 제 생각에 영업사원 분들은 "오히려"를 지나치게 연발하는 경향이 있는 것 같습니다. 상대로부터 상품이나 기획에 대한 의문이 주어졌을 때 판매하고 싶은 일념 때문에 "오히려……"라며 맞서버리면 그 상대는 "이 사람은 반론과 자기주장만 하고 말을 잘 들어 주지 않는다"라며 기분이 상하지 않을까요? 결과적으로 눈앞의 사람과 신뢰 관계를 형성하지 못하는 것입니다.

　이는 비즈니스에 국한된 이야기가 아닙니다. 누구나 우선은 자신의 이야기에 충분히 귀를 기울여 달라고 어리광을 부리는 경향이 다소 있습니다. 때문에 우선 그 어리광을 받아 주고 자신에게 불리한 정보라도 제때 대답을 하면 대화의 질은 반드시 향상될 것입니다.

040

대답하기 전에 "그렇군요"로
시간 여유를 둔다

'상대의 이야기를 받아들이는 일'이 상당히 어렵다는 것을 새삼스럽게 실감한 것은 얼마 전, 북가마쿠라 역에 내려서 정지사 쪽으로 걸어가던 때의 일입니다. 저를 안내하시던 분이 문득 "이 근처는 역의 플랫폼이라 촉촉하고 달콤한 나무의 향기가 나지요"라고 하셨습니다. 그것에 대해 저는 "그렇군요. 그래도 이 근처까지 걸어오면 더욱더 공기가 맑아지네요"라고 답했습니다.

그런데 순간 상대방이 머쓱해진 것을 알았습니다. 제가 "그렇군요"라고 답했기에 외견상으로는 대화의 캐치볼이 성립되는 것처럼 보입니다. 하지만 사실은 '플랫폼도 공기가 좋다'라고 하는 화제(話題)

자체에는 응답하지 않아서 '이야기를 제대로 받아들이지 않았다'라는 희미한 결핍감을 상대에게 준 것이 아닐까라고 생각했습니다.

그 다음 날 강연회에서 위의 이야기를 예로 들어 "바로 자신의 생각을 답하기 전에 '그렇군요'라고 진지하게 대답하고 한 박자 정도 쉬고 우선 상대방의 뜻을 받아들이는 것이 중요하다"라고 말했습니다.

그리고 그 일이 있었던 직후 책에 도장 찍는 작업을 도와주시는 분에게 제가 "감사합니다. 그런데 찍는 위치가 조금만 더 문자와 겹치게 해 주세요"라고 말씀 드렸습니다만, "감사합니다"와 "그런데" 사이가 너무 짧았습니다. 그래서인지 "감사합니다"라는 인사를 받아들이는 것보다 부정적인 표현이 상대에게 먼저 전해져 버렸습니다. 거참, 반면교사로 삼아 주십시오.

041

●

들어주지 않는 외로움이 축적되면
분노로 변한다

전철 승무원이 승객으로부터 폭력을 당하는 일이 최근에 있었습니다. 들은 이야기에 의하면 다음과 같은 대화가 오고 간 뒤 승객이 격분했다고 합니다.

> 승객: "이 열차가 ○○역에 가나요?"
> 승무원: "손님은 어디까지 가고 싶으신가요?"
> 승객: "내가 질문했잖아!"

그런데 이 경우 승무원은 질문을 무시한 것이 아니라 오히려 정확하게 대답하려고 승객에게 다시 질문했던 것입니다. 그러나 승무원은 "우선 대답해 달라"는 상대방의 요구를 알아차리는 것에는 실패했습니다.

게다가 승무원들의 경우 매너 없는 승객들을 하루 종일 접하다 보면 언짢은 일도 있을 것입니다. 그럴 때는 대답하는 말투가 퉁명스러워지기 십상이기 때문에 승객과 부딪치게 되는 것입니다.

앞에서 이야기한 것처럼 자신의 이야기를 진지하게 들어 주기 바라는 것은 누구나 원하는 것입니다. 그런데 모두가 자신의 이야기를 들어 주기만 바랄 뿐 '남의 이야기'는 제대로 듣지 않습니다. 그 '들어 주지 않는 느낌'이 매일매일 조금씩 쌓인 끝에 이제 한계에 다다른 듯합니다. 그런 타이밍에서 때마침 다짐이라도 한 것처럼 제대로 이야기를 듣지 않는 사람을 만나면, 불행하게도 그 상대는 분노를 폭발시키는 표적이 돼 버립니다.

표면적으로는 분노가 될 수도 있습니다. 그러나 '아무도 들어 주지 않는다'라는 외로움이 실은 그 정체입니다. 우리도 자신이 하고 싶은 말을 우선적으로 하고 상대방의 화제를 딴 데로 돌려 무심코 외로움을 증폭시키고 있지는 않은지 반성해야겠습니다.

042

●

관심 있는 척, 듣고 있는 척은
금방 들통난다

앞에서 이야기한 '아무도 타인의 이야기를 듣지 않는다'라는 화제에 대해 "나는 타인의 이야기를 잘 듣는다"라고 생각하면서 이 글을 읽고 있는 분도 많을 것입니다. 하지만 의외로 주위 사람들은 상대방이 나의 이야기를 제대로 들어 주지 않는다고 생각하고 있을지도 모릅니다. 이에 대해 "그럴 리가 없어. 나는 이야기를 들을 때 '과연' '그렇구나' 라고 제대로 맞장구를 치고 있는데"라며 반박하는 사람도 있지 않을까요?

그런데 모처럼의 맞장구도 너무 빠르거나, 눈이 다른 방향을 보고 있거나, 마음속으로는 관심이 없다고 생각하는 듯한 표정이면 역효과가 나는 일이 왕왕 있습니다. 왜냐하면 우리는 흥미 있는 척하면서 사실은 듣고 있지 않은 사람에게는 속은 기분이 들어 불쾌해지기 때문입니다.

흥미도 없는데 "여행 어디로 다녀왔어?"라고 질문을 하고 모처럼 열심히 대답해 주는 상대에게 "아~ 그렇구나~"라며 성의 없이 맞장구 친다고 해서 상대방의 이야기를 들어주고 있다고 생각한다면 큰 착각입니다. 어쩌면 오히려 "흥미가 없다면 처음부터 아예 물어보지 않으면 좋았을 텐데"라는 공허감에 부글부글 열 받고 있을지도 모르기 때문입니다.

질문을 함으로써 상대방에게 흥미가 있음을 보여 주는 것과 같은 잔재주를 부려도 결국 상대방의 이야기를 진심으로 듣고 있지 않다면 상처를 주게 됩니다. 상처 입은 상대방은 우리의 이야기를 들어줄 여유가 없기 때문에, 다음 번에 상처를 입어 부글부글하고 열을 받게 되는 쪽은 우리입니다.

●

제3장

변명하지
않는다

043

●

지인이 높게 평가받으면
왜 반사적으로
부정하고 싶을까?

여기서 잠시 질투심에 대해 고찰해 봅시다. 이 번뇌는 꽤 무서운 것입니다. 예를 들어 자신이 싫어하는 지인이 "그 사람은 믿음이 가고, 재능도 있어"라고 긍정적으로 평가되면 반사적으로 "아니 그렇긴 해도 실은 성격이 나쁜 것 같으니 관여하지 않는 게 좋아"라는 말로 부정하고 싶어지는 경우가 있습니다.

이 질투심이 원하는 것은 화제가 된 인물의 평가를 낮추는 것입니다. 그런데 그 사람을 높이 평가하는 사람에게 "그래도 좀……"이라고 하는 것은 평가하는 당사자의 생각을 부정하는 것으로 들리기 때문에 불협화음으로 느껴집니다. 결과적으로는 질투하는 표적의 평가를 낮추기는커녕, 남을 헐뜯는 마음이 좁은 인물로 인식돼 아이러니하게도 스스로의 평판을 저하시키게 됩니다. 이런 궁색한 생각에 사로잡혀 추악해지는 이유는 무엇일까요?

필자가 보기에는 '타인의 행복지수가 올라가면 그 사람의 가치도 따라 올라가 상대적으로 자신의 가치가 낮아진다'라는 착각에 근거하고 있는 것입니다. 수치로 비유하자면 자신의 가치는 '10' 그대로인데도 가치 '7'의 지인이 '15'로 상승하면 자신의 '10'은 별로 가치가 없어진 것처럼 느끼는 것입니다. 그 때문에 +독의 맛(毒の味)이 됩니다. 반대로 지인이 '7'에서 '3'으로 내려가면 자신의 '10'이 더 눈에 띄기 때문에 남의 불행은 ++꿀의 맛(蜜の味)이 된다는 식입니다.

하지만 상대적으로 생각해 보면 그것은 착각에 불과한 것으로 애당초 자신의 가치가 '10'임에는 변함이 없습니다. 그리고 남의 가치가 나와 무관하다는 것을 자각하고 자신의 가치를 알면 질투는 가라앉게 됩니다.

+ **독의 맛**: 남이 행복한 것을 보며 슬픔을 느끼는 것.

++ **꿀의 맛**: 남이 불행한 것을 보며 기쁨을 느끼는 것.

•

044

질투는
부끄러운 감정이 아니다

이전에 여동생을 질투한 자신이 한심하다는 고민 상담을 받았던 적이 있습니다. 여동생이 먼저 결혼한 것에 대해 입으로는 "축하해"라고 말하면서도 마음속으로 질투하고 행복한 모습을 볼 때마다 괴로워진다는 내용이었습니다. 고민의 당사자는 "벌써 30세 가까이 되는데도 이렇게 속이 좁은 내 자신이 부끄럽습니다"라며 자꾸만 죄스러워했습니다.

이 경우의 문제는 '질투하는 것은 굉장히 부끄러운 일'이라는 생각입니다. 자신이 매우 이상한 생각을 하고 있다는 느낌 때문에 질투하고 있는 자신이 나쁘다는 자기부정을 해 버리는 것입니다. 고민 상담자는 그 때문에 더욱더 움츠러드는 것 같았습니다.

　그런데 질투라는 번뇌는 사실 매우 평범한, 누구나 갖고 있는 감정에 지나지 않습니다. 특히 우리들은 자신과 공통점이 많은 상대일수록 질투의 대상으로 삼기 쉽기 때문에 여동생 등이 좋은 대상이 되는 것은 당연한 것입니다. 확실히 자신과 같은 성격이거나 비슷한 직업, 비슷한 처지일수록 상대의 행복지수가 올라가면 상대적으로 자신의 가치가 하락한다고 착각하기 쉬울 것입니다.

　나와 공통점이 있는 존재의 행복에 대해 불쾌하게 생각하는 것은 극히 자연스러운 '인간의 본능' 같은 것입니다. 그런데 질투라는 감정이 다른 사람에게 불쾌한 느낌을 준다는 것은 누구나 알고 있으므로 질투하고 있어도 그것을 숨기고 "축하해"라는 말로 얼버무리는 것입니다. 이런 대응으로 인해 다른 사람들은 질투하지 '않는 것처럼' 보일 뿐입니다. 그 편법을 알게 되면 시기하는 자신을 먼저 용서하고 편안해질 수 있습니다.

045

•

제멋대로 경쟁자를 만들고
질투하는 마음을
주의하자

질투라는 복잡한 감정의 연료량은 자신과 상대방이 어느 정도의 경쟁 관계에 있는가와 비례하는 것 같습니다.

제 사례에서 조금 씁쓸했던 기억으로 연상되는 것은 오사카에서 살았던 초등학교 시절의 질투심입니다. 타케라는 친구가 집에 놀러 왔을 때, 어머니가 "타케 짱, 오코노미야끼(おこのみやき) 좋아할 것 같아서 저녁 메뉴는 오코노미야키로 했어"라며 대접하려 했습니다. 그때 저는 "나는 오코노미야키 싫어!"라고 맹렬하게 화를 내며 타케 짱에게 화풀이했던 것을 지금도 여전히 기억하고 있습니다.

당시 저는 그것을 단순히 '싫어하는 것에 대한 분노'로 이해했습니다. 그러나 이제 와서 생각해 보니 그것은 질투였습니다. '내가 좋아하는 것을 친구에게 만들어 주었다'라는 것처럼 부모의 애정을 나눠 주는 게임, 자신도 모르는 사이에 그 게임에 빠져 있었기 때문에 어머니가 친구가 좋아하는 음식을 우선시함에 따라 친구를 라이벌로 의식한 것입니다.

이런 경우 상대방의 몫이 늘면 나의 몫이 줄어들지 않을까 라는 생각 때문에 마음이 급급해져 버립니다. 하지만 주의 깊게 생각해 보면 이 사례에서 타케 짱은 실제로는 '적수가 아니다' 라는 것입니다. 부모가 손님을 대접하기 위해 가족보다 우선시하는 것은 애정 때문이라기보다는 예절 때문이니까요.

즉 친구의 몫이 늘어도 나의 몫은 별로 줄어들지 않습니다. 우리의 마음은 무심코, 질투심에 따라 적수가 아닌 상대를 적수로 만들기 때문에 주의해야 합니다.

●

046

칭찬에 기뻐하지 말고
비방에 슬퍼하지 않기

필자는 종종 법화(法話)를 행합니다만, 절에서 하는 법화에 비해 서툴다고 느껴지는 것은 기업 등의 단체 연수에서 이야기할 때입니다. 며칠 전에도 한 단체의 직원들을 위해 법화를 한 결과, 처음에는 한동안 말이 겉돈다는 느낌이 들었습니다.

외부에서 진행하는 법화는 신청한 단체에 속하는 사람들 모두가 강제로 참여하는 경우도 있기 때문에 모든 분들이 "법화를 듣고 싶다!"라는 적극적인 생각으로 모여든 것이 아닙니다. 그래서 당연히, 한눈을 팔거나 시큰둥한 표정을 짓는 분도 있습니다. 그러면 말하는 측은 나의 이야기가 전달되지 않는 것인가라는 생각에 긴장하게 됩니다. 하지만 이야기하고 있는 사이에 서서히 웃는 사람이나 고개를 끄덕이는 사람이 많아지면 현격하게 이야기하기가 쉬워집니다.

이것을 곰곰이 생각해 보면 '듣는 사람의 평가에 따라 일희일비 (一喜一悲)하는 나약함'과 다름없습니다. 청중이 권태로운 듯 한눈을 팔고 있으면 사기가 저하되고, 웃거나 고개를 끄덕여 주면 사기가 상승하는 것처럼 자신감을 잃거나 얻는 등 마음이 쉽게 흔들리는 것입니다.

좋은 평가를 받을 때는 자신감이 생겨 나기 때문에 밑바닥에서도 자기 자신을 지탱하며 버틸 수 있어도, 역경에 처하면 이 자신감은 삽시간에 무너지고 어떤 일이든 막혀 버립니다.

우리들의 이런 연약함에 대해 『법구경(法句經)』에서 석가모니는 "칭찬받아도 기뻐하지 말고 비방받아도 슬퍼하지 않도록. 바람에도 흔들리지 않는 반석을 배우게나"라고 말씀하셨습니다.

047

●

'마음을 지키기'전에
'몸 지키기'

얼마 전 이 연재 기사의 원고를 집필할 때의 일입니다. '마음을 지키는 연습'이라는 글을 쓰고 있는 제가 마음이 안정되지 않은 상태로 피곤하게 작업을 하고 있는 아이러니한 상황에 놓여 있는 것을 문득 깨달았습니다. 그런데 당시에는 특별히 시간에 쫓기고 있었던 것도 아니었고 뭔가 구체적으로 짜증 나는 일이 있는 것도 아니었습니다. 그래서 "어라? 그런데도 무엇 때문에 내가 이렇게 긴장하고 안절부절못하는 것일까?"라고 생각을 해봤고 그 결과 범인을 몸으로 짐작한 것입니다.

    당시 저는 몸의 일부인 어깨가 올라간 상태에서 펜을 움직이고 있었습니다. 그날 이용한 유리 테이블은 평소 사용하던 것에 비해 높았고 의자는 낮았기 때문에 펜을 들고 원고용지로 향하면 아무래도 팔꿈치가 들뜨고 어깨가 위쪽으로 올라가서 안정적이지 못한 상태가 되어 버렸던 것입니다. 그렇게 하면 어깨 근육을 팽팽하게 힘을 준 상태로 두지 않을 수 없습니다.

흥미롭게도 심리적으로 힘을 주거나 조바심을 내면 어깨가 뻐근할 뿐만 아니라 그 반대 방향 또한 마찬가지입니다. 그리고 먼저 어깨에 힘을 주면 나중에 심리적인 허세와 짜증이 따라옵니다. 어깨에 힘을 줘서 긴장하게 되면 뇌는 과거에 어깨 근육에 팽팽하게 힘을 준 상태의 감정을 떠올려, 무의식적으로 그 감정에 쉽게 영향받는 것입니다.

이렇게 생각하고 책상의 발받침을 떼어내서 낮춰 주었더니, 역시나 팔꿈치가 딱 들어맞아 그 후에는 어깨도 쾌적하고 기분도 상쾌하게 집필할 수 있었습니다.

마음이란 이처럼 쉽게 몸에 농락당합니다. 그래서 불교에서는 '마음을 지키기'라는 난제(難題)에 임하기 전 단계로서 우선 '몸을 지키기'라는 것부터 시작하는 것입니다.

•

048

내 몸 지키기를 위한 기본은
식사량을 70퍼센트에서
멈추는 것

'마음을 지키기' 위해서 선행되어야 하는 것은 '몸을 지키기'라고 앞에서 이야기했습니다. 그리고 몸을 지키기 위한 것으로 석가모니가여러 가지 경전에서 몇 번이나 강조하고 있는 것은 소식(小食)에 그치는 일입니다.

  예를 들면 『법구경』 안에서 불교의 본질을 간결하게 정리하여설파하는 항목 중에는 '식사량을 자제하기'가 있습니다. 수행을 할때 배가 가득 차 있으면 정신 집중을 못하고 금방 졸음이 오는데, 저역시 배가 부른 상태에서 좌선을 하면 곧바로 마음이 산란해져 즉시통감하게 됩니다. 즉 식사량을 자제하는 것은 직접적으로 마음의 흐트러짐을 방지하고 날카로운 정신성을 유지하기 위한 지시인 것입니다.

식사는 배의 60퍼센트 내지 70퍼센트 정도가 바람직합니다. 배가 부르면 정신이 멍해지고 과식하게 되면 위와 장이 고통을 일으키는 것에 마음이 영향을 받아 짜증이 나거나 기분이 가라앉습니다. 이처럼 우리의 마음은 배와 같은 신체 부위에 상당히 많이 좌우됩니다.

과식을 하는 사람이 그로 인해 몸이 힘들어도 좀처럼 끊지 못하는 이유는 폭주하는 생존 욕구에 있습니다. 인체의 구조가 형성된 원시 시대에는 살아남기 위한 영양은 부족했고 대부분의 사람들에게 기아는 일상적인 것이었습니다. 그래서 생존 확률을 높이기 위해 고칼로리원을 섭취하면 큰 쾌락을 느끼도록 프로그램이 내장된 것입니다.

인간의 뇌는 당질, 지질, 단백질이 혀에 닿으면 뇌 속에서 쾌락 물질인 도파민(Dopamine)이 분비되는 구조로 되어 있습니다. 불행히도 현대는 달콤하고 기름진 것을 손에 넣기 쉬우므로 도파민의 분비가 끊임없는 것입니다. 그 함정에 빠지지 않도록 식사량을 위의 70퍼센트에서 멈추는 연습은 어떨까요?

049

●

설탕의 달콤함은
기분을 뒤흔든다

당질이나 지질, 단백질이 많이 포함된 식품이 혀에 닿으면 뇌 속에서 쾌락 물질인 도파민이 분비된다고 앞에서 이야기했습니다. 그런데 이러한 구조는 인류가 경작하며 살았던 태곳적에는 사람들이 영양가가 높은 고열량의 음식을 갈망하도록 하는 것에 유용했던 것입니다. 음식물이 풍부한 현대사회에서는 단것이나 기름진 음식을 얼마든지 손에 넣을 수 있기 때문에 고열량 음식에 대한 갈망에 제동을 걸기 어렵습니다.

　살아남기 위한 구조 때문에 단것이나 기름진 것에 대한 쾌락에 지배당해 과식한다면 역설적이게도 오히려 비만과 당뇨병을 비롯하여 건강을 해치고 생존이 위협받게 됩니다. 특히 인간은 재료에서 순수한 당질만을 꺼내어 설탕을 개발해 버렸습니다. 그래서 혀에 있는 감각의 ✚수용기(受容器)를 직접 단맛으로 자극해, 강렬한 뇌 속의 쾌락을 얻는 데 성공한 것입니다.

다만, 둔화된 당질은 소화 및 분해 과정을 몇 단계나 생략하고 바로 흡수되기 때문에 갑자기 혈당치가 높아지고 일시적으로 기력이 좋아져도 인슐린(Insulin)이 분비되고 혈당치가 갑자기 떨어지며 그로 인해 공복감을 가져옵니다.

그러면 사실은 허기를 느끼지도 않는데 배고픔에서 벗어나기 위해 또 음식을 탐내고, 혈당치의 급격한 변동에 맞춰 기분이 오르락내리락하게 되는 것입니다. 이 악순환에 빠지지 않도록 설탕의 지나친 쾌감은 조금 줄이고 쌀이나 고구마, 밤, 호박과 같은 천연재료 자체의 단맛을 잘 씹어 차분히 즐기고 싶습니다.

하긴 저도 요즘은 조금 느슨해져서 찹쌀떡이며 단팥죽이며 좋아하는 과자들을 가끔씩 즐기기도 합니다. 그러나 무엇을 먹든 수도승처럼 천천히 잘 씹는 것에 전념하면 마음의 안정과 연관된 세로토닌(Serotonin)이 뇌에서 분비되어 마음도 편안해집니다.

✚
수용기: 외부로부터의 자극 정보를 받아들여 직접 수용하는 세포이다.

●

050

쾌락을 억제하고
조용한 만족감을 주는
정진요리

본래 석가모니 시대의 불교에서 승려는 모든 음식을 구걸하여 얻도록 정해져 있어 원칙적으로 주어진 음식이라면 가리지 않고 무엇이든 먹어야 했습니다. 그러나 승려에게 식사를 보시(布施)하는 원칙이 없는 중국에 불교가 전래된 시점에 승려들은 살생을 하지 않고 자급자족하기 위해 직접 논밭을 갈고 수확한 채소로 식사를 만드는 채식주의자와 같은 식습관으로 변화했다고 추측됩니다.

　　그러다 보니 식사가 정신에 미치는 영향 등도 연구하게 되며 수행하는 데 적합한 ⁺정진 요리(精進料理)의 뛰어난 지혜가 형태를 갖추게 되었습니다. 그리고 이에 대한 식자재의 선정이나 맛을 내기 위한 양념은, 앞서 이야기했던 도파민 분비형의 음식 문화와 좋은 대조를 이룹니다. 즉 ① 기름기가 많지 않고 ② 단맛을 준다고 해도 아주 조금 ③ 고기나 생선 등의 고단백질원은 사용하지 않고 ④ 더불어 싱겁게 입니다.

정진 요리는 뇌에 쾌락의 반응이 생기는 당질, 지질, 단백질의 세 가지 요소를 적절하게 줄여 주기 때문에 쾌락을 느끼기 위한 도파민 수용체가 혹사당하는 일도 없습니다. 쾌락의 수용체를 지나치게 자극하여 마비시키면 공교롭게도 쾌락의 양이 너무 많아져 만족하지 못하고 과식하는 것이 현대인입니다. 쾌락을 적당히 억제함으로써 오히려 감각의 마비를 풀고 한 입, 한 입 숨어 있는 맛의 풍미를 느껴야 만족감을 얻을 수 있습니다. 도원 선사(道元禪師)는 저서『전좌교훈(典座教訓)』에서 이렇게 기록했습니다. "불교를 전진함에 있어서 음식에 맛이 있고 없고의 구별은 없으며 모든 것은 다 같은 하나의 맛이다."

'쾌락'보다 '조용한 만족감'을 얻을 수 있도록 가족과 함께 매주 한 번의 정진요리는 어떨까요?

✚
정진요리: 일본의 사찰요리.

●

051

인터넷의 정보는 아무리 모아도 부족하다

뇌에 '쾌락'의 자극을 입력하는 빈도와 강도를 지나치게 빠르고 강하게 하면 '쾌락'을 느끼는 뇌의 장치가 마비되어 버려서 오히려 뿌듯함이 줄어듭니다. 때문에 만족하지 못하고 더 원하게되고, 이는 비대화되는 식욕도 마찬가지입니다.

제가 보는 바로는 쾌락을 고속화하여 마음을 마비시키는 데는 쌍방향적인 정보산업을 능가할 사람은 없습니다. 정보를 모으는 것은 자기보존욕구와 부합하므로 쾌락을 느끼는 원천의 하나입니다. 그러나 그것들이 자신과 상관없는 정보라면 온종일 확인하고 싶어질 정도의 중독은 안 될 것입니다.

그런데 인터넷상에서는 쌍방향성 때문에 '자신이 발신한 내용에 남이 어떻게 반응했는지' 혹은 '자신이 남들에게 어떻게 보이고 있는가'에 대한 정보를 충분히 얻을 수 있습니다. 사실 '자신의 정보' 욕심에 우리는 컴퓨터나 휴대 전화 단말기에 고정되어 정신없이 글을 올리거나 메일을 확인하기도 합니다. 올린 글에 다른 사람이 반응하거나 메일에 답장이 오면 "나를 상대해 준다!"라는 유력감(有力感)을 얻어 뇌에 강렬한 쾌락이 입력됩니다. 휴대 전화기는 온종일 몸에 지니고 있기 때문에 유력감의 '쾌락'을 계속해서 뇌에 입력합니다.

　　메일에 답장을 빨리 받으면 자신의 유력감이 높아져 '쾌락'을 얻는다는 것은 경험상 누구나 알고 있습니다. 그렇기 때문에 상대방의 답변에 빨리빨리라는 생각을 갖기 쉬우며, 상대방과 자신의 생각이 같다고 생각하기 때문에 기분상하지 않도록 주고받음이 고속화되는 것입니다. 그러나 이것이야말로 '자신의 정보 과식증'에 빠져 감각이 마비되어 가는 첫걸음이기 때문에 정보의 '쾌락'은 무서운 것입니다.

052

●

타인과 지나치게 연결되면
'쾌감 과다'로 불행해진다

연계(連繫)나 인연이라는 말이 판치는 요즈음이지만 진정으로 고독을 맛보는 것은 현대사회에서는 극히 어려운 일처럼 생각됩니다.

　　방에 틀어박혀 있는 청소년들도 언뜻 보기에 고독한 것 같지만 인터넷에서는 익명의 누군가와 연결되어 있습니다. 그리고 언제, 어디에서도 휴대 전화기를 갖고 있는 이상 누군가와 연결하고 싶으면 곧바로 가능하다는 인스턴트적인 경향을 가지고 있습니다. 이른바 시스템상에서도 온종일 연결을 '강요당하고' 있는 듯한 상태라고 말할 수 있을지도 모릅니다.

　　물론 좋은 점도 있습니다. 하지만 쉽게 누군가와 연결될 때마다 뇌 속에서는 "나는 누군가에게 반응을 받을 가치가 있다"라는 쾌감이 발생합니다. 그리고 이 인터넷의 '연결'을 통한 쾌감을 즉석에서 자주 맛볼 수 있기 때문에 쾌락이 너무 많아서 그것을 감지하는 뇌의 장치가 마비된다고 앞에서 이야기 했습니다.

제 생각에는 자연스러운 단맛을 백설탕의 자극으로 바꾸는 것도, 자연의 소리를 차단하고 좋아하는 음악으로 바꾸는 것도, 현실세계를 영화나 만화의 시각정보로 바꾸는 것도, 눈앞에 있는 사람을 디지털적인 관계로 전환하는 것도, 근본은 마찬가지입니다. 보다 쾌적하고 직접적으로 즉석에서 뇌에 쾌락의 자극을 계속해서 입력하는 것과 관계가 있는 것입니다.

불행은 쾌락의 부족이 아닌 쾌락의 과다로 머리가 마비되는 것에서 옵니다. 사람은 '연결'에 의해 지나치게 거대한 쾌락을 느끼는 만큼 인스턴트적인 연결은 지나치지 않는 편이 정신건강에 좋습니다. 지나치게 연결되지 않고 고독을 맛보는 용기를 다음에서는 불교경전에서 퍼내기로 합시다.

●

053

인터넷을 벗어나 홀로서기 하는 것은 최고의 안식

일 혹은 사람과의 교제에서 여지없이 사람들과 연결되고 상대의 시선에 마음을 쓰고 피곤해져서야 겨우 귀가할 때가 있습니다. 이럴 때 "휴~ 아이고"라며 소파에 기대어 그저 휴식을 취하고 싶은 마음이지만 휴대 전화기를 손에 들고 메시지를 읽고 보내며 누군가와 연결되어 있었다면 그것은 진정한 휴식도, 리셋(reset)도 되지 않습니다.

혼자일 때도 누군가와 인터넷을 통해서 연결되어 있는 현대인의 뇌는 계속해서 너무 많은 말의 세례를 받아 연결 과잉으로 인해 파산할 지경으로 보입니다. 너무 많은 말을 계속 처리하면 의식이 머리로 올라가 버리고 생각이 겉돌아 피곤해집니다. 게다가 떨어져 있어도 기호언어(Assembly language)에 따라 사람과의 연결을 항시 의식하면 늘 남을 의식하게 되어 뇌신경이 계속해서 자극을 받아 타격을 받게 됩니다. 이 '연결과잉'은 인류 역사상 매우 드문 일이라고 말할 수 있습니다.

석가모니는 먼 옛날부터 지나친 연결이 뇌신경을 교란한다는 것을 설명해 왔던 것으로 보입니다. 『경집(經集)』에서 "연결 과잉에 정이 묶이면 자기를 잃어 버린다. 연결 과잉의 그 무서움을 깨달아 무소(코뿔소)의 뿔처럼 혼자 걷도록"을 몇 번씩이나 설파하고 있습니다.

때로는 사람과 연결된 쾌감에서 벗어나야 비로소 타인의 시선이라는 지나치게 강렬한 자극을 피해 흥분한 뇌신경을 되돌릴 수 있습니다. 때문에 가끔은 휴대 전화기의 전원을 끄고 힘껏, 최대한 몸을 움직이는 데 전념하거나 숨을 고를 수 있는 일을 하면서, 언어 자극을 떠나 독립적인 신체로 되돌아오는 것이 최고의 안식이 됩니다.

054

●

"답장은 안 해도 좋아요"라고
쓰는 것을 그만둔다

"만약 하기 싫으면 답장은 안 해도 좋으니까……" 이처럼 미묘하게 자신 없어 보이는 문장을 메일의 끝부분에 버릇처럼 덧붙이는 사람이 가끔 눈에 띕니다. 저도 고등학교 시절 편지 말미에 종종 "이건 시시한 편지이기 때문에 답장은 안 해도 괜찮으니까 안심해!"라는 문구를 덧붙였지만 사실 이골이 나 있었습니다.

이 미묘한 감정을 설명하자면 혹시라도 답장을 받지 못하면 마치 '자신을 판매하려고 내놓았는데 좀처럼 사 주지 않는다'처럼 자존심이 상처받는 것을 의미합니다. 즉 답장은 바라지도 않았으니까 답장이 오지 않아도 상처받지 않도록 취약한 자존심을 방어하려는 것입니다.

　유감스럽게도 상대방에게는 이처럼 굴절된 심리까지 간파되지 않으며, 이런 문장은 "뭔가 이상하게 마음에 걸리는 것이 기분 나쁘다"라는 인상을 주게 됩니다. 또는 언뜻 보기에는 친절한 것 같지만 답장을 한다/하지 않는다/언제 답장을 한다는 것은 본인의 자유입니다. 그래서 "하지 않아도 돼!" 등과 같이 명령하는 느낌과 더불어 미묘하게 자유와 정신까지 침해 당하는 인상까지 줄 수 있습니다.

　어떤 경우든 자신으로부터 정보를 보내는 것은 자신을 상품화하여 판매하는 고통이 따르기 마련입니다. 편지나 메일뿐만 아니라 소셜 네트워킹 서비스(SNS)에서 매일 자신을 판매하도록 장려받는 현대의 남녀노소는 "빨리 팔리면 좋겠다. 더 빨리!"라는 곤경에 처한 것이 틀림없습니다.

●

055

"나는 정의롭다"라고 여기기 때문에 공격적으로 행동하게 된다

나카자키 타츠야(中崎タツヤ)의 15컷 만화는 "왜 항상 나를 방해하는 거지? 정의감 때문인가?"라고 악당이 묻는 것으로 시작됩니다. 주인공은 "아니야"라고 한 후 "영화관이라고 해도 옆 사람이 팔걸이에 팔꿈치를 걸치고 있으면 울컥 화가 치밀어 올라. 그래서 슬며시 상대를 밀어내지만 상대도 힘을 주며 버티지. 처음에는 아무래도 좋았던 팔걸이인데 이제 더 이상 뒤로 물러설 수 없어"라고 덧붙입니다.

　이것은 상대의 +자기중(自己中)이 자신의 자기중에 불을 붙이는 것으로, 주인공으로부터 '영화관 좌석 팔걸이 이론'에 따른 행동의 동기는 정의감이 아님을 설득당한 악당은 깊이 고개를 숙입니다. 여기서 주인공이 자신의 동기를 정의가 아닌 '자기중'으로 자각하고 있는 것은 시사하는 바가 큽니다.

대(大) 중국·한국 외교, 탈 원전 시비 등 사람들이 어떤 '정의감'의 번뇌에 물들기 쉬운 요즘에는 특히 감정적이 되기 쉽습니다. 그러나 인위적으로 통제할 수 없는 원전은 비정상적이며 용서할 수 없다는 사고도 '자기중'의 반발로 태어난, 이쪽의 '자기중'에 지나지 않습니다. 게다가 '자기중'인 것을 '정의'로 생각함으로써 자신의 의견에 따르지 않는 사람을 상처주거나 위압하는 것에 태연할 정도로 둔감해지는 것이 무섭습니다.

오해가 없도록 하기 위해 제가 어느 쪽인지 짚고 가자면 저는 탈 원전을 편드는 사람입니다. 그러나 단지 탈 원전을 지지하는 편이 옳다고 확신하여 쉽게 공격적이 되는 풍조에는 찬물을 끼얹고 싶습니다. 그렇게 찬물 세례를 당하고 "그렇구나 자기중에 불과하구나"라며 담담하게 운동을 추진할 수 있는 사람이야말로 담력이 있는 신뢰할 만한 사람입니다.

✚
자기중: '자기중심적'의 약어. 일본어의 신조어로 젊은이들이 자주 사용하는 말이다.

●

056

'자기중'을 인정하면
냉정해질 수 있다

가치관의 상대화를 말하게 된 지 오래지만 극히 최근에는 약간 양상이 다른 것처럼 생각됩니다. 앞에서 언급한 탈 원전이나 중국의 군사·외교적 위협과 같은 사항에 대해서 "상대는 절대 틀리고 내가 정의로운 것이다!"라고 말하기 쉬운 상황이 생기고 있는 것 같기 때문입니다.

그것은 온갖 가치관이 구름처럼 둥실둥실 유동하고 있어 자신이 생각하는 '올바름'에 대해 자신감을 갖지 못하고 있는 현대인에게 모종의 구제로서 나타나는 것처럼 보입니다. 즉 모두가 피해를 보는 구조는 절대적으로 잘못된 것이며 처벌해야 한다는 올바름의 번뇌를 정당화해 주므로 불안정한 자아가 일시적으로 안정되는 것입니다.

'정의'로 보여지는 공익이라는 것도 결국은 자신이 공익이라고 생각하는 '자기중'일 뿐이라는 것은 앞에서 설명한 대로 입니다. 석가모니가 『자설경(自說經)』 제5장에서 자신보다 사랑하는 것을 발견할 수 있을지 세상에서 찾았지만 보이지 않았다고 솔직하게 술회한 것은 사람의 근원적 '자기중'에 대한 통찰이라고 해석할 수 있습니다.

그런데 이렇게 말하면 "탈 원전을 방해할 생각인가?" "중국에 센카쿠 열도를 내줄 것인가?" 등으로 오해받을 수 있습니다. 아니요, 저는 탈 원전을 진행시키고 싶기도 하고 중국에게 가만히 있으라고 하고 싶기도 합니다만, 그때는 그것이 자신을 위한 '자기중'이라는 것을 자각하고 있을 것입니다. 정치란 악 VS 정의의 도식으로 다룰(그렇기 때문에 광신적이 되기도 합니다) 것이 아니라, 자기중 VS 자기중을 전제로 냉정하게 대책을 세워야 하는 것입니다.

●

057

자원봉사나 자연보호운동도 결국 자신을 위한 것

"나는 '자신보다도 사랑하는 것을 발견할 수 있을까'하고 전 세계를 구석구석 샅샅이 뒤졌다. 그리고 자신보다 사랑하는 것은 결국 찾지 못했다." 『자설경』(제5장)

이것은 앞에서 언급한 석가모니의 말씀입니다. 저는 이 말 속에 인간의 '자기중'에 대한 냉철한 통찰이 포함되어 있다고 생각합니다.

누군가를 숭배하거나, 누군가와 열애를 할 때 이를 깊게 파고들어 분석해 보면 우리는 숭배하는 누군가에게 자신을 투영하는 것을 통해 가치가 높아졌다고 느끼는 '자신'이 좋은 것입니다. 그리고 '그렇게 심취할 수 있는 자신'과 '상대로부터 사랑을 받는 자신'이 좋은 것입니다.

봉사활동이나 자연보호 운동을 '타인을 위한 것'이라고 확신하는 것도 그에 따른 자신의 정신적 가치를 올리고 싶다는 것이기 때문에 궁극적으로는 '자신을 위한 것'입니다. 즉 일반적으로 가치 있는 일을 함으로써 "나는 존재 가치가 있다!"라고 자기 암시를 거는 자기애입니다. 인간 의식의 밑바닥에 자리한 자기중심적인 자기애를 불교에서는 사람이 모두 '자기애자(自己愛者)'라는 황량한 사실을 전제로 출발합니다.

첫머리에서 번역한 『자설경』의 말에는 다른 입장에서 다음과 같이 연결되는 내용이 있습니다. "다른 모든 사람들에게 있어서 '자신'도 똑같이 그들에게는 가장 사랑스럽다. 누구나 '자기애자'이므로 자신의 행복을 원한다면 타인의 자기애를 손상시켜서는 안 된다"

그렇습니다. 타인의 자기애를 훼손시키면 반드시 보복이 있습니다. 정말 자신이 좋다면 타인의 자기애를 존중하는 것이 현명하다고 호소하고 싶습니다.

●

058

뇌는 자신에게 유리하게 선과 악을 정한다

우리의 뇌는 있는 그대로의 세상을 인식하지 않고 불교에서 '갈애(渴愛)'라고 불리는 자기중심적인 의도에 따라 세상을 왜곡하여 인식합니다.

　예를 들어 '비가 내린다 / 맑다 / 지진이 일어난다' 등은 자연현상이며 원래 그것은 좋다·나쁘다가 없습니다. 그렇지만 가뭄을 걱정했던 사람이라면 오랜만에 내리는 비를 좋다고 왜곡할 것이며, 쇼핑하러 나갈 예정인 사람은 차가운 비를 나쁘다고 왜곡할 것입니다. 즉 우리의 사정에 '맞다·맞지 않다'에 따라 자기중심적으로 '좋다·나쁘다'는 꼬리표를 다는 것입니다.

여기서 다시 한 번 생각해봅시다. 쇼핑을 하려고 했는데 일기예보에서 비가 온다는 소식을 듣고 우산을 가지고 나왔다고 합시다. 그런데 비가 안 오면 우리는 허탕을 친 것 같은 기분이 되기 쉽습니다. 이것은 우산을 들고 나온 자신의 선택이 옳지 않았다고 느끼는 것이 싫은 '올바름의 번뇌' 때문입니다. 비는 싫었을 텐데 대책을 세운 시점에서 은근히 비를 원하는 것도 왠지 이상합니다.

　　혹은 지진이 싫고 무섭다는 사람이 강고한 지반에 세워진 내진설계 아파트를 고액으로 구입했다고 합시다. 그러면 지진은 싫다고 했음에도 불구하고 지진이 와도 내 아파트는 무사했다는 사태를 잠재적으로 기대하기 쉽습니다. 만약 몇십 년 동안 지진이 오지 않으면 지진 대책에 많은 돈을 쓴 자신의 선택이 옳지 않았다고 느끼는 처지가 되는 것입니다.

　　그러면 결국 지진을 은근히 갈망하기 시작합니다. 이리하여 원래는 '나쁘다'라고 왜곡하고 있었던 비나 지진도 슬그머니 '좋다'라고 정정해 버리기까지 합니다. 뇌는 자신만 옳다면 좋다는 아주 이기적인 놈입니다.

059

●

소심한 사람의
속마음은?

열흘에 걸친 좌선명상(坐禪冥想) 합숙을 절에서 지도했던 첫날의 일입니다. 참가하는 학생들이 모이는 본당으로 갔더니 제가 사용하는 좌선용 좌포(坐布)가 눈에 띄지 않습니다. 아무래도 서너 개 정도 있던 여분의 좌포까지 포함해서 거기에 놓여 있던 것을 학생들이 찾아내어 사용한 것으로 보였습니다.

그 상황에서 저는 "한 개는 내 것이니 돌려주면 좋겠는데…… 하지만 그렇게 말하면 그 좌포를 사용하는 사람이 너무 송구스러워할 것 같아 좋지 않아"라는 소심한 자의 미혹을 가졌습니다. 그리고 결과적으로 어떻게 되도 괜찮다고 생각하는 것을 그만두고 새로운 좌포를 한 개 주문하여 배달되는 것을 기다리기로 했습니다.

그런데 뒤늦게 알았습니다만 상대방이 송구스러워하지 않도록 하는 겉치레의 뒤에는 "좌포를 돌려받길 원하다니 그릇이 작은 인물인 게야"라는 부정적인 평가와 사람의 눈을 의식하는 두려움이 숨어 있었습니다.

역시 이래서는 자연체(自然體)로 행동할 수 없고 하고 싶은 말을 하지 못하게 된다고 새삼스럽게 다시 학습하는 바입니다. 실제로는 솔직하게 "돌려줘요"라고 말해도 아무도 그다지 아무렇지도 않게 생각할 텐데, 마음이 타인의 시선을 지나치게 의식하고 있습니다. 그것을 빨리 자각하고 있었더라면 솔직하게 불쾌감 없이 부탁했을 것입니다.

그것을 할 수 없게 만드는 우리들의 소심함. 즉 다른 사람으로부터의 승인을 잃고 싶지 않은 욕심 때문에 마지못해 '착한 사람'을 연기해 버리는 것입니다. 그래서 다음 항에서는 더 대담해지는 길을 찾아 봅시다.

●

060

숨겨진 자기애를 자각하면
격의 없이 행동할 수 있다

주지승이 되면 갑작스런 손님이 종종 있으며 졸저의 독자로부터 갑자기 고민 상담을 요청받아 대면하는 일도 있습니다. 그런데 괴로운 것은 저도 일이나 수행의 시간이 필요하기 때문에 어느 시점에 대화를 종료하느냐 하는 것입니다.

그런데 문득 생각난 것은 어린 시절 전화를 먼저 끊지 못했던 기억입니다. 어느 시점에 안녕이라고 헤어지는 인사를 하면 기분 나쁘지 않을까 같은 걱정 때문에 끊고 싶다고 생각하면서도 언제까지나 이야기하고 있던 것입니다.

이런 심리에는 상대에게 상처를 주면 안된다고 가장했지만 내심 상처를 줘서 안 좋은 인상을 주고 싶지 않다는 자기애도 숨어 있었습니다. 지금도 방문객들에게 "자, 그럼 이제 그만……"이라고 말을 꺼낼 때 불편함과 거북함을 느끼곤 합니다. 그리고 이 죄책감의 정체를 상대방에게 미움받지 않겠다는 자기애 = 승인욕(承認欲)으로 간파하게 되었습니다.

결국 자기애 때문에 착한 척하고 있는 것뿐 이라는 것을 간파하면 정체 모를 죄책감이 풀립니다. 그리고 소통하기 좋게 부드럽게 자리에서 일어나 "오늘은 이제 그만 갈까요?"라고 가볍게 말하고 서둘러 귀가하면 됩니다.

이러한 미묘한 지각이 없는 상태라면, 예를 들어 청탁을 받았을 때 싫으면서도 상대의 눈을 의식해 거절할 수 없게 되기도 합니다. 그렇게 되기 전에 그 순간에서 벗어나 정체 모를 죄책감을 들여다봅시다.

그러면 "거절하면 인정받을수 없다"라는 두려움이 발견될 것입니다. 괜찮습니다. 하기 싫은 일은 과감히 "할 수 없어!"라고 전하는 것이 솔직한 것이기 때문에 상대에게 오히려 기분 좋은 것이 되기도 합니다.

061

●

임시방편으로 허락하지 말고
생각할 시간을 갖는다

" '좋아 맡겨둬'라고 듣기 좋은 말을 했음에도 부탁하면 막상 '이번 주는 바빠서……' 등과 같이 핑계를 대고 도망가는 사람. 이런 사람은 진정한 친구가 아니라고 여깁시다"

이는 ⁺『육방예경(六方禮經)』에 남아 있는 석가모니의 옛말로, 미움받지 않기 위해 남의 눈을 의식해 함부로 '떠맡기'를 하기 쉬운, 우리 현대인을 깜짝 놀라게 하는 말이 아닐까요?

거참, 상대의 인정을 얻고 싶어서 임시방편으로 '네'라고 했지만 냉정하게 다시 생각해 보니 하기 싫다는 생각이 드는 것은 자주 있는 일입니다. 적어도 저에게는 꽤 많습니다.

게다가 "역시 못하겠어요"라고 정직하게 전달하지도 못하는 소심함에 질 경우 "급한 일이 생겨서, 바빠서" 등과 같이 변명까지 하는 처지가 될 것입니다.

경솔한 떠맡음도 거짓말의 변명도 모두 다른 사람으로부터 인정받고 싶기 때문에 본심을 전할 수 없게 되는 것입니다. 그 결과 '가짜 친구'라는 불성실한 사람으로 낙인이 찍혀 오히려 상대의 인정을 잃을지도 모릅니다. 더구나 하고 싶지 않다는 본심이 통하지 않는 바람에 다음에도 청탁을 받거나 권유를 받아 "이제 그만! 어째서 내 진심을 모르는 걸까?"라고 생각하게 될지도 모릅니다. 그러나 이것은 미움받는 것을 너무 두려워한 나머지 좋은 사람인 척한 자신이 뿌린 씨앗인 것입니다.

보다 솔직하게 용기를 내서 "좀 더 생각해 볼께"라고 보류해 봅시다. 그리고 무심코 경솔하게 떠맡고 후회했을 때에는 "너에게 인정받고 싶어서 나도 모르게 승낙했지만 다시 생각하니 마음이 내키지 않아 미안해"라고 과감하게 마음을 전합시다.

＋

육방예경: 육방(동서남북)과 천(天)·지(地)의 여섯 방향에 부모, 처자, 스승, 친구, 사문, 노복. 고용인을 배치해 예배하도록 말하고 재가자의 도덕을 나타낸 것이다.

062

나에게 실망해도 괜찮다는 용기

제가 아직 인터넷을 사용하던 시절, 개인의 홈페이지나 블로그에 다음과 같이 죄책감이 느껴지는 사죄의 문구가 눈에 띄는 일이 가끔 있었습니다. "최근에 바빠서 갱신하지 못해 죄송합니다. 조금 있다가 시간이 되면 좀 더 여러 가지 자료를 갱신할 예정입니다."

　그런데 곰곰이 생각해 보면 개인 홈페이지 운영은 업무가 아니기 때문에 갱신하고 싶으면 하면 되고, 하기 싫으면 안 해도 되는 것입니다. 그런데도 "슬슬 갱신하지 않으면……"이나 "아직 갱신하지 않으면 기대에 부응하지 않으니 사과의 글이라도 써 두지 않으면……"이라는 묘한 의무감 때문에 압박받는 이유는 무엇일까요?

이것은 오랫동안 갱신하지 않으면 방문할 때마다 같은 표시에 실망한 사람들이 앞으로는 방문하지 않을 것에 대한 두려움 때문입니다. 직언하자면 실망하거나 버림받기 싫다는 집착에 대한 두려움이라고 해도 좋을 것 같습니다. 그 두려움 때문에 갱신하고 싶다는 의욕에서 갱신하지 않으면 안된다는 중압감으로 변화한 것이라고 생각할 수 있습니다.

단문으로 부담 없이 중얼거릴 수 있는 시스템이 유행하는 것도 위와 같은 중압감에서 벗어나 편하게 쓰고 싶은 것이므로, 같은 두려움이 마음에 숨어 있는 것은 변함없으며 문제를 은폐하고 있을 뿐입니다.

"갱신해야 하는데……"라는 중압감을 느꼈을 때는 먼저 자신의 두려움을 바라봅시다. 그리고 "나에게 실망해도 괜찮아"라고 용기를 내어 잠시 방치하면 어떨까요? 그런 후에 자연스럽게 의욕이 솟을 때까지 느긋하게 기다리면 즐겁게 계속할 수 있습니다.

●

063

의지도, 감정도 일시적인 것으로
생각하고 행동한다

밤사이 그렇게 몰두해서 써 놓은 연애편지를 아침에 일어나 다시 읽어 보면 부끄러웠다거나 "이런 직장은 질색이야! 이번에야말로 그만둘 거야"라며 흥분했지만 다음 날 미련이 마음을 지배하는 경험은 누구나 가지고 있을 것입니다.

우리들의 감정은 그 정도로 불안정하기에 거추장스러운 것입니다. 앞의 예를 들자면 몰두해서 써 놓은 연애편지를 아직 보내지 않았거나 퇴직을 공언하지 않았으면 다행이지만, 이미 행동에 옮겼다면 후회할 상황이 될 것입니다.

이렇게 감정이 불안정하게 유동하는 것은 어떤 의미에서는 어쩔 수 없는 것입니다. 왜냐하면 한 가지 일에 대해 계속해서 같은 감정만을 갖는 것은 우리의 마음으로 할 수 없는 일이니까요.

어떤 대상이라도 우리에게는 편리한 면과 불편한 면을 갖고 있습니다. 그 대상의 좋은 면을 볼 때는(나쁜 면은 안 보이게 됩니다) 기쁘고, 나쁜 면을 볼 때는(좋은 면이 안 보이게 됩니다) 짜증이 납니다. 하지만 보이지 않는 면은 잠재되어 있을 뿐, 조건이 변하면 반드시 좋고 나쁜 감정은 반전합니다.

우리의 의지는 결코 일정하게 유지되지 않습니다. 이것은 좁은 의미로는 모든(제) 의지는(행) 일정하지 않다(무상)는 제행무상입니다. 의지 또는 감정이 반드시 변화하는 이상, 감정 A에 사로잡혀 행동하면 감정 A가 남아 있는 동안에는 만족해도 얼마 안 있어 감정 B로 변화했을 때 후회나 고민이 발생합니다.

경솔한 저도 '이 감정도 일시적인 것'이라고 마음에 새겨 신중을 기해 다시는 과오를 범하지 않도록 자제해야겠습니다.

•

064

이상적인 자아 이미지를 가지면
괴로워진다

좌선명상을 배우러 오는 학생들에게서 우스갯소리처럼 듣는 단골 화제가 있습니다. 가족으로부터 "당신, 불교나 명상을 배워도 전과 별로 달라지지 않았잖아"라고 비난받으면 울컥해서 자신도 모르게 그만 말대꾸를 하고 싶어진다는 것입니다. 그런 얘기를 듣고 있자면 제 지인들이 저를 꼼짝 못하게 하는 필살기 역시 "불교 교리를 가르치면서 말하는 것과 행하는 것이 다른 것 아냐?"라고 말하는 것이기 때문에 "역시 똑같구나……"라고 미소 짓게 됩니다. 그런데 이런 지적에 타격받는 이유는, 이 경우 '불교에 의해 더 좋아지고 있는 자신'이라는 상(像)에 대한 집착이 있기 때문입니다.

다른 예를 생각해 봅시다. '발상력이 있는 자신'이라는 상에 대한 집착이 있다면 뭔가 좋은 발상이 떠오르지 않는다거나 타인에게 자신의 발상을 비방받았을 때 받는 타격이 클 것입니다.

즉 우리는 이상적인 자아 이미지를 만든 순간부터 그 이미지에 반하는 정보를 보거나 듣거나 생각하기만 해도 위협받고 괴로워하게 됩니다. 이상적인 모습에 가까워야 자신만만할 수 있다면(즉, 제행무상이 아니다) 불교 등이 불필요할 것 같지만 앞에서 설명한 바와 같이 마음은 제행무상입니다.

누구나 '나는 ○○하다'라고 자신감을 갖는 순간 '사실 ○○가 아닐지도……'라는 상반되는 면이 마음에 걸려 고통받는 것의 사이를 오락가락할 것입니다.

그런데 이렇게 '○○한 자신'이라는 정체성을 확립하는 일이야말로 사실은 불안과 고통의 근원입니다. 불교에서는 그 아집을 ✝유애(有愛)라고 이름 붙이고 내려놓을 것을 권장합니다. 즉 불교를 믿고 있으니 나는 전보다 좋아졌을 것이라고 생각하는 자아 이미지조차도 유해하므로 내려놓아 버립시다.

✝
유애: 불교에서 집착을 이르는 말.

●

065

마음의 변화를 바라보면
스트레스에서 벗어날 수 있다

이번 제목의 글을 쓰기 전날 밤 저는 오래간만에 화가 나는 일이 있어 저도 모르게 그만 짜증을 반복하고 잠을 이룰 수 없었습니다. 그런데 그리고 나서 겨우 스스로 분노를 바라보며 수용하기 시작했습니다.

그때까지는 끊임없이 분노가 자신을 지배하고 있었던 것처럼 보입니다. 그렇지만 재미있게도 자신의 분노를 관찰하기 시작하면, 그 이외의 감정이 다수 섞여 있는 것이 보일 것입니다. 예를 들면 "한 시간 정도는 화가 나 있었군"이라고 후회하는 생각과 "내일 일어나면 일하러 가야지"라는 미래에 대한 사념(思念) 같은 생각들 입니다.

그리고 그것들을 거치면 다시 이 경우 '화'에 사로잡히게 됩니다.

다만 마음은 '화를 내고 있는 자신'이라는 자아 이미지를 고정하고 싶어 하기 때문에, 약한 감정을 무시하고 강한 감정만을 기억하기 위해 같은 감정이 지속되고 있다고 스스로 착각합니다. 즉 실제의 마음은 순간순간 변화하는데 자아는 그중 눈에 띄는 것에만 정신을 빼앗겨, 한 가지 색으로 도배해 버리는 것입니다.

강하게 반복되는 분노 사이사이에 다른 약한 감정이 들어오는 것을 들여다보면 분노가 영원히 지속되지 않는 것을 깨닫게 됩니다. 그러면 '분노하고 있는 자신'이라는 확고한 자아 이미지는 무너지고 마음이 편해집니다. 슬픔이 계속될 때도 사이사이에 "날씨가 좋구나!"와 같이 다른 생각을 하고 있는 자신을 발견하면 벗어날 수 있습니다.

우리의 뇌는 사물을 엉성하게 파악하고 정보를 한 가지 색으로 채우는 버릇이 있습니다. 그것에 항거해 세심한 변화, 마음이 무상(無常)임을 깨달아 의식의 해상도를 높이는 연습을 해야 합니다. "무상을 지혜에 따라 체감하면 고통에서 벗어나 마음이 맑아진다"『법구경』(277게)

•

제4장

재촉하지
않는다

좌선명상으로
뇌를 리셋한다

코타츠(火燵)에 앉아 집필하고 있는 지금, 커튼에 비친 흐린 하늘의 희미한 불빛이 복잡한 색감을 띠고 꽤 생생해 보입니다. 바로 조금 전까지 좌선명상을 하고 있어서 눈을 뜨고 잠시 동안은 커튼의 햇살도, 주름의 상태도, 바닥의 나뭇결이 여기저기 다른 것이나 그 농담 등도 마치 난생처음 본 것처럼 마음에 작은 감동을 줍니다.

　우리의 뇌는 이미 알고 있다고 판단한 것에 대해서는 정보를 대담하게 생략하는 버릇을 갖고 있으며 불교에서 그것은 '무지(無知)'로 불리는 번뇌에 해당합니다. 무지의 강한 힘 때문에 싫증 난 커튼의 빛은 단순화되고, 늘 밟고 있는 방바닥의 감촉은 생략되고, 늘 대하는 가족의 표정 변화는 간과하여 결과적으로 모든 세계의 인식이 조잡한 것이 되기 때문에 시시해집니다.

이리하여, 미묘한 변화에 둔감해지는 것은 불행의 길입니다. 그러나 유감스럽게도, 현대에서는 음악도, 이야기도, 인터넷 정보도 강렬하고 조잡한 자극으로 가득해서 거기에 익숙해지면 뇌의 신경은 더 세밀한 변화에 대해 둔감해집니다.

한편, 불교의 명상은 유쾌하거나 불쾌한 감정에서 벗어나 중립적인 신체 감각으로 의식을 돌리는 것을 기본으로 하기 때문에 계속되는 사이에 강한 자극의 입력이 정지함으로써 뇌 신경이 재설정되고, 다시 예민하게 됩니다.

뇌는 미세한 변화(= 無常)의 세계를 마음대로 단순(= 常)화하고 현실을 주관적인 형상으로 바꿔 버리는 매우 비과학적인 경향이 있습니다. 반대로 불교는 뇌가 생략을 하지않고 그대로 잘게 나누어 보게 한다는 점에서 과학적인 것입니다.

067

•

지나치게 열심히 하지도 말고
해이해지지도 않는다

석가모니의 제자 중 한 명으로, 출가 전에는 대부호의 아들이었던 소나 꼴리위사(Sona Kolivisa)라는 청년이 있었습니다. 버릇없이 사치스럽게 자란 것을 부끄러워했던 그는 잠도 제대로 취하지 않고 필사적으로 명상수행에 몰두했지만 수행의 경지가 전혀 깊어지지 않았습니다. 낙담한 소나의 마음을 헤아린 석가모니는 "소나여, 네가 하프를 연주한다면 조현을 할 때 지나치게 팽팽하게 하거나 너무 느슨하게 하면 좋은 음색이 들릴까?"라는 질문을 던집니다. 석가모니의 의중에는 "아니오"라는 대답을 기다려 "그것과 마찬가지로 명상수행도 지나치게 열심히 해도 지나치게 해이해도 잘 되지 않는 법. 너는 지나치게 열심히 하는 사악한 정진에 빠져 있다"라고 가르침을 주고자 하는 의도가 있었습니다. 그리고 그 가르침을 통해 소나는 적당하고 편안하게 수행에 집중하여 깨달음을 얻었다고 합니다.

현대인은 일반적으로 '지나치게 열심히'하는 것으로 보입니다. 이는 어떤 욕망을 추구하는 데 필사적이기 때문입니다. 욕망이 강해질 때 자율신경 중 흥분과 긴장에 관련된 교감신경이 우위에 서 있습니다.

생각건대, 소나도 훌륭하게 되겠다는 욕망이 너무 강해서 교감신경이 우위가 되어 지나치게 흥분하고 있었기 때문에 명상에서 정신집중이 잘 되지 않았던 것입니다. 마음을 안정시키고 집중시키려면 알맞은 긴장과 휴식이 공존하는, 즉 교감신경과 부교감신경이 균형 있게 활성화되어 있어야 합니다.

일반적으로 너무 열심히 하거나 너무 해이하거나 어딘가에 극단적으로 기울어져 자율신경의 균형을 잃기 쉬운 우리들, 그 양극 사이에 있는 좁은 수행자의 길을 소나의 예에서 배울 수 있습니다.

068

•

집착할수록 내려놓기 어렵다

평소에 남에게 설교하는 입장에 있지만 고집(집착)을 내려놓는 것이 쉽지는 않습니다. 저도 여러 가지 집착에 사로잡혀 있으며 그 때문에 간혹 실패도 합니다. 예를 들면 다음과 같은 실패담입니다. 저는 수십 년에 걸쳐 채식을 하였기 때문에 정진 요리를 해 왔습니다만, 재작년 무렵부터 영양실조로 보이는 증상이 나타나기 시작했습니다. 주위에 서 걱정할 정도로 살이 빠지고 체온이 떨어져 강렬한 냉증에 시달린 것입니다.

그래서 동물성 식품을 섭취하도록 권유받았지만 첫 번째 고집은 고기와 생선은 먹을 수 없다는 것이었으며 두 번째 고집도 유제품이

나 달걀은 먹기 싫었다는 것입니다. 이런 와중에 매우 바쁜 일까지 더해져 이럭저럭 하는 사이 몸이 서서히 악화되어 버렸습니다.

채식주의자라는 자기 이미지에 집착을 가지고 있으면 그 이미지의 옳음을 지키고 싶기 때문에, 그것이 나쁜 결과를 가져오는 것을 인정하고 싶지 않은 법입니다.

채식은 원래는 심신을 다스리고 명상을 돕기 위해 지속한 식생활입니다. 그러나 그 때문에 휘청거리고 명상하기 어려워진 것을 인정하지 않을 수 없을 때에야 고집을 반걸음 내려놓고 무정란과 요구르트를 먹을 엄두를 냈습니다. 덕분에 요즘은 완전히 건강해졌고 달걀 프라이의 맛을 알았습니다(특히 신문 연재 원고를 책으로 만들기 위해 가필 수정하고 있는 시점에는 일주일에 몇 번 정해 두고 생선을 먹게 되었습니다.)

자기 이미지에 대한 집착에는 그에 따른 생각과 견해가 달라붙어 있기 때문에, 그 집착을 내려놓을 때에는 자신의 어리석음도 인정하지 않으면 안 됩니다. 여기에는 자신이 옳았다고 생각하고 싶은 자존심이 상처받는 고통이 따르는 것입니다. 다음 항에서는 석가모니의 말씀에서 견해를 버리는 용기를 배워 봅시다.

069

●

어리석고 쓸데없는 언쟁을
피한다

무심코 "그 사람은 항상 다른 사람의 불편을 생각하지 않고 너무 강제적이기 때문에 싫어요"라고 누군가의 험담을 했다고 해봅시다. 듣고 있는 상대방이 동의했다면 그대로 잊어버릴 정도로 원래는 그다지 중요한 발언이 아니었을 것입니다.

그런데 상대방이 "그래도 그 사람은 모두에게 좋을 거라고 생각해서 하는 것인데. 사실은 친절한 사람이에요"라고 대답했다면 어떨까요? 이 경우 양측의 견해가 상반된 것입니다. 서로 자신의 견해가 부정당하고 있는 것처럼 느껴지고 "그 사람이 친절하다고? 말도 안돼. 이쪽에서는 싫어하는데 좋을 거라고 생각해서 하는 거라니 너무 오만해"라는 감정에 화가 나고 정색하기 쉬울 것입니다.

첫마디는 중요도가 70위 정도에 불과했던 견해가 반대하는 견해에 부딪치자 갑자기 단계가 올라 마치 세계에서 제일 중요한 것 같은 양상을 띠게 되고, 이리하여 서로 상대방을 설복시키려고 성과 없는 말다툼이 끝없이 이어지게 됩니다.

석가모니는 『삭감경(削減經)』에서 "다른 사람들은 견해를 버리지 못하고 있지만, 우리는 견해를 거뜬히 떨칠 수 있도록 수행하자"라고 말하고 있습니다. 그렇다면 견해와 맞부딪쳐서 마음이 불편해지기 전에 "그렇게까지 말할 정도의 일도 아닌데 내 견해의 정당성을 지키자고 정색했구나"라고 자신을 돌이켜 봅시다. 그리하여 자신의 견해는 보류하고 상대방에게 "그런 면도 있겠군요"라고 물러설 줄 아는 용기와 여유를 가져야겠습니다.

•

070

견해를 바꾸는 것은 왜
꺼림칙할까?

순수한 채식주의자였던 제가 달걀은 먹기도 했다는 소식을 적었습니다. 그 내용을 읽은 몇몇 분으로부터 놀랍다는 반응이 밀려와서 깨달은 것이 있습니다. "달걀 프라이를 먹습니까?"와 같은 질문에 "달걀 프라이라 해도 메추리 알이라서 양은 많지 않답니다"라고 대답하지만 제 마음에는 뭔가 양심의 가책을 느낄 일이 있는 것 같은 상태이기 때문입니다. 더하자면 마치 "그렇게 심하게 신조를 바꾼 것은 아니잖아요"라고 변명이라도 하고 싶은 듯한 느낌입니다.

이를 통해 자신이 지금까지 바람직하다고 생각해 왔던 견해에서 손을 떼고 궤도를 수정하는 것이 어려운 이유를 알았습니다. 지금까지 타인에게 이런 견해를 가지고 있는 사람이라는 인상을 줬는데 그 것을 변경하면 자신의 견해를 자주 바꾸므로 신뢰할 수 없는 사람이라고 생각하면 어쩌나 하는 걱정이 따라다니는 것입니다.

맞습니다. 마음에 그런 걱정이 숨어 있기 때문에 "아니, 달걀이라고 해도 메추리 알 같은 작은 건데……"라고 설명하고 싶어지는 것임을 깨달은 것입니다. 그렇게 깨닫고 보니 어떤 견해를 주장하고 싶은 이유 중 하나에는 "나는 틀리지 않으므로 앞으로도 내 말을 믿어 주면 좋겠다"라는 욕망이 있을 것입니다.

견해와의 싸움에서 벗어나는 핵심은 이 '욕망의 취급'과 관련된 것 같네요. 즉 나를 신용하지 않는 사람이 있다고 해도 상관없다고 생각하면 상당히 자유로운 기분이 될 것입니다.

●

071

석가모니는
"나에게는 견해가 없다"라고
답했다

가족에게 "이 볼펜 안 나와서 버릴게요"라고 이야기했더니 "뭐? 아직 멀쩡한데 아깝다"라고 말합니다. 저는 그 말투에 살짝 비난이 포함되어 있음을 경계하면서 "아니 이것 보세요 잉크가 없어서 더 이상 쓸 수가 없어요"라고 콕 집어 이야기했습니다. 그리고 제가 한 이야기를 상대가 납득하는 것을 보고 마음에 자그마한 '승리감'이 생기는 것을 느꼈습니다.

　　하지만 그것은 "이것 봐요 이럴 때 제가 옳은 결정이니까 의견이 엇갈릴 때는 제 말을 받아들이세요"라고 상대를 억지로 굴복시키고 싶은 생각 때문에 "그것 보세요 제가 말한 대로잖아요"라고 하는 불쾌감을 주는 대사와 비슷한 느낌입니다.

　그렇습니다. 이 경우 사실 볼펜은 아무래도 좋고 서로 자신의 견해가 신뢰할만한 것이라고 상대방에게 깨닫게 하여 앞으로 유리하게 하려는 것 아닐까요? 이렇게 우리는 어리석게도 '승리 선언'을 하고 싶어지는 것입니다. 그러나 이는 결국 상대의 기분만 상하게 할 뿐 결코 신뢰감을 주진 않습니다.

　석가모니는 『경집』에서 "자신의 견해가 이기고 있다고 집착하여 자신의 견해를 위로 본다면 그 이외의 모든 것을 '뒤 떨어진다'라고 생각하게 된다. 때문에 사람은 논쟁에서 벗어나지 못하는 것이다"(제796게)라고 말씀하셨습니다.

　석가모니는 논쟁을 걸 수 있었지만 "자신에게는 싸워야 할 견해는 아무것도 없다"라는 대답으로 상대를 설복시키려고 하지 않았기 때문에 능가한다거나 뒤떨어진다는 승부에서 벗어나 있어 오히려 논쟁에 감명을 줄 수 있었던 것입니다. 설교를 통해 표현하자면 "자신의 의견에 집착해 논의를 걸어오는 사람이 찾아왔다면 이렇게 되돌려줘서 허탕을 치게 하면 좋다" 『경집』(제832게)라고 할 수 있을 것 같습니다.

●

072

잘못했다는 확신이 있어도
몰아세우지 마라

"자신을 남보다 탁월하거나 열등하거나 동등하다고 생각하지 않도록…… 어떠한 견해도 마음에 가지지 않도록" 이 말은 앞에서 소개한 석가모니의 말씀과 이어지는 부분입니다. 이 글의 흐름에서 보면 석가모니는 사람은 타인에 대한 우월감을 추구하고 열등감에 화를 내기 때문에 자신의 견해에 집착하고 언쟁한다는 것을 갈파했던 것입니다.

자신의 영향력이나 유능함을 실감하고 싶은 충동 때문에 우리는 자신의 견해는 정확하고 타인의 견해는 이상하다는 편견에 사로잡혀 있습니다. 다음과 같은 흔한 경우를 생각해 봅시다. "이거 해 달라고 부탁했는데 왜 해 주지 않았지?" "아니 그런 말 못 들었는데" "뭐?! 전에는 해준다고 했었는데" "그래!? 그런 소리는 처음 듣는데" 등. 이것은 결국 결말 없는 언쟁입니다.

이 논쟁에서 패배하면 자신이 열등한 사람이라는 이미지가 고정될 수 있기 때문에 서로 더욱 정색하는 경향이 있습니다. 내심 상대방이 언제나 착각할 때가 많으니까 이번에도 그럴 것이라고 생각하거나 자신이 잊어 버려서 착각하고 있는지도 모른다고 생각하지 않습니다. 사람마다 올바른 것은 자신일 것이라고 생각하는 낙관성이 뇌의 기본 발상인 것입니다.

그런데 이 경우에는 증거가 없기 때문에 결말 없는 언쟁으로 끝나지만, 어떤 의미에서 더 귀찮은 것은 운이 없게도 증거가 나와서 상대가 '패자'로 확정된 경우입니다. 예를 들어 주고받은 메일의 내용을 보면 어떤 상호 교환이 있었는지 확인할 수 있을 것입니다. 그래서 자신이 옳은 것으로 증명된다면 기뻐서 더욱 상대를 물리치고 싶어질 것입니다.

하지만 그렇게 해서 상대를 궁지로 몰아넣는 것은 상처를 입히는 것이며 나아가 서로의 관계마저 파괴하는 것입니다. '패자'를 더욱 궁지에 몰아넣는 것은 품성이 없는 것이기 때문에 말리고 싶습니다.

073

●

면전에서
상대의 결점을 들먹이는 것은
비겁하다

평소에는 말하지 않았던 불평이지만 제삼자가 있을 때 말하는 것이 수월해져서 농담을 가장하며 무심코 불평해 버린 적은 없습니까? 예를 들면 상대가 무례한 어투로 말하는 것을 꼬집어서 "이 사람이 불쾌한 말투로 이야기해서 미안합니다. 이봐 당신은 나에게 항상 제멋대로 실례되는 말을 한다니까"라는 식입니다.

이 심리는 1대 1로 말하면 상대방과 대등하지만 제삼자를 자기 편으로 끌어들이면 2대 1의 우위가 되는 것을 노리는 것으로 생각됩니다. 이는 마치 중과부적(衆寡不敵)의 약자 괴롭히기와 같은 양상을 보이기 때문에, 제삼자 앞에서 결점이 노출되고 창피를 당한 상대는 슬픔과 분노에 빠지기 십상입니다.

친분있는 분과 여관에 동행했을 때의 일입니다. 여주인이 "본래 무로마치 시대에는 이 요리의 주재료가 맛 좋은 고기와 생선이었지만 이번에는 야채만 제공하겠습니다"라고 설명했습니다. 말이 끝나자 저의 지인이 문득 여주인에게 "무로마치 시대에도 야채만 먹었군요?"라고 질문했습니다. 아이고머니, 여주인께서 하신 설명을 듣지 않았네요.

이 사람이 자신의 설명을 듣지 않았다고 느낀 여주인의 표정을 보면서 필자는 무심결에 농담 섞인 어조로 "당신은 항상 남의 말을 잘 듣지 않는다니까, 그러면 안 돼요"라고 말했습니다. 그러나 장난스러운 의도라 했을지라도 역시 2대 1로 남 앞에서 결점을 들춰내는 것은 비겁한 소행으로, 상대에게 상처를 주는 것밖에 되지 않습니다.

역시 몇 분 지나고 나서 저는 지인에게 "내가 확실히 사람의 이야기를 제대로 듣지 않지만, 이야기를 듣지 않는다고 나무라는 것은 좀……"이라는 한마디를 들었습니다. 사람에게 창피를 주면 안 된다는 교훈을 얻는 순간이었습니다.

074

머리만 사용하면
생각이 둔화한다

중국의 선사(禪師) 생활 규범 *백장청규(百丈淸規)를 정한 백장스님. 그는 자신이 정한 원칙에 따라 노령이 되어도 가래나 낫을 들고 절에서 작무(作務)라고 불리는 육체노동을 그만두는 일이 없었다고 합니다.

하지만 그의 제자들은 훌륭한 스승님에게 이런 하찮은 일은 어울리지 않으며 연로해서 건강도 약해지셨으니 밭일을 그만두게 해야 한다고 생각한 것이 틀림없습니다. 제자들은 백장스님에게 작무를 그만두도록 권하지만 그는 묵묵히 하루하루 일하러 나갑니다. 걱정한 제자들이 어느 날 백장스님의 작업 도구를 숨겨 버립니다. 백장스님은 그날 작무를 쉬게 되었는데, 식사도 하지 않았다고 합니다. 제자들이 "왜 식사를 하지 않으십니까?"라고 묻자 백장스님은 "하루 일 하지 않으면 하루 먹지 않는다"라고 답합니다.

이 '일일부작 일일불식(一日不作 一日不食)'에는 다양한 해석이 있지만, 저는 육체노동을 하지 않으면 배가 고프지 않기 때문에 밥을 맛있게 먹을 수 없으니 필요 없었던 것이 아닌가하는 즉물적(卽物的)인 생각을 감히 해봅니다.

필자가 한때 너무 바빠서 머리를 사용하는 일에만 쫓기고 있던 시절, 밭일이나 DIY를 담당자에게만 맡겨 놓았는데, 생각을 지나치게 많이 해서 사고는 둔해지고 입맛도 없어졌습니다. 그래서 머리 쓰는 일을 줄이고 단순 동작을 반복하는 밭일에 열중하는 시간을 늘렸더니 사고도 명확해지고, 입맛도 돌아왔습니다.

회사원, 경영자, 주부, 학생 등 누구나 머리만 사용하면 정신이 혼탁해질 것입니다. 이를 방지할 수 있게 도와주는 단순 작업에 솔선하는 것은 어떨까요.

✚
백장청규: 중국 당(唐)나라의 승려 백장이 처음으로 선종(禪宗)의 의식과 규율을 정한 책.

●

075

지금의 처지도 버릴 수 있다고
생각하면 힘낼 수 있다

인류의 교사로서 세계사에 이름을 남긴 석가모니도 알고 보면 처자와 나라를 버리고 가출한 청년 왕자였습니다. 『증지부경전(增支部經典)』 3집에는 "젊어야 할 자신이 언젠가 늙는다니!" "건강하기만 한 자신도 언젠가 병든다니!" "건강하게 살아 있는 자신도 언젠가 죽다니!" 와 같은 젊은 날 그의 고민이 회상되어 있습니다. 그리고 이러한 고민에 직면한 석가모니는 자신이 젊고 건강하고 생명을 구가하고 있다는 생각과 함께 지금까지 가지고 있던 자신감이 무너졌다고 술회하고 있습니다.

그런데 이 같은 석가모니의 생각은 '지금이 유복하고, 젊고, 건강하고, 즐거우면 OK 아닐까'라는 현대인의 평균적인 감각으로 볼 때 너무 편집적인 생각으로 여겨질 것 같습니다.

하지만 분명 지나친 완벽주의였을 지라도 석가모니는 그래서는 안 되었던 것입니다. 젊음과 건강과 생명이 영속해 주는, 즉 완벽한 것이라면 좋다. 그러나 언젠가 사라질 불완전한 것에 지나지 않는다면 궁극에 의지해서는 안 된다. 이른바 '젊음도 건강도 쾌락도 영속하지 않는 불완전한 것에 불과하다면 차라리 필요 없다!'라는 듯이 말입니다. 석가모니는 노(老), 병(病), 죽음(死)에 대한 두려움을 초월하는 연구수행을 하기 위해 가출을 한 것입니다. 거참, 그런데 가족에게는 큰 민폐입니다.

석가모니에게는 부족의 차기 수장으로서의 중책이 있었기 때문에 만약 출가한 그가 깨달음을 얻고 위대한 인물이 되어 있지 않았다면, 누구라도 그를 무책임한 바보라고 손가락질 했을 것입니다. 그것을 두려워하지 않고 출가한 석가모니의 모습에서 우리도 현재 자신의 처지조차도 버리고 다른 인생을 걸어도 괜찮다는 것을 배우게 됩니다.

반드시 이직이나 이혼, 가출을 권장하는 것은 아닙니다만, '여차하면 버릴 수도 있다'고 생각하면 좀 더 잘 할 수 있을 거라는 마음에 여유가 생깁니다.

076

●

충족되지 않는 갈망 때문에
괴로워진다

석가모니는 충족되지 않은 갈망이야말로 사람들이 가진 고통의 원흉
이라고 간파했습니다. "저것이 갖고 싶다. 그런데 손에 들어오지 않는
다." 이것은 비교적 단순한 고통이지만, ⁺『대념주경(大念住經)』에서는
'이런 자신이고 싶다'라고 생각하는 탓에 그렇게 될 수 없을 때 고통
받는다고 설파하고 있습니다.

　누구나 나름대로 '모두에게 친절한 멋진 자신' '밝은 자신' '재미
있는 자신' '성공한 자신' 등 이런 존재이고 싶다는 생각을 가지고 있
습니다. 그런데 문제는 이 존재 욕구를 항상 채우는 것은 절대로 불가
능하다는 것입니다.

친절하고 밝게 행동할 수 있을 때는 자신을 스스로 갈망하는 이미지에 부합하는 존재라고 생각하기 때문에 기분이 좋겠지만 마음의 상태는 변하기(=무상하다) 때문에 침울하거나 친절할 수 없는 경우도 반드시 찾아옵니다. 그때마다 '이런 존재이고 싶다'라는 이미지는 상처 입고 좌절하는, 즉 고통이 되는 것입니다.

또는 '재미있는 사람'이나 '성공한 사람'이 되었다 해도 자기 이미지를 실감할 수 있는 것은 어디까지나 전보다 더 성공했을 때뿐입니다. 이전과 같은 수준을 유지하는 것만으로는 익숙해져서 재미가 없어지고 불만이 됩니다.

그렇다면 '이런 존재이고 싶다'라는 생각은 ① 마음이 변화하여 생각처럼 될 수 없다는 고통에 휩싸이거나 ② 일시적으로 생각대로 되었다고 해도 마음이 익숙해져 괴로워지거나, 어쨌든 100퍼센트의 확률로 괴로워진다는 결함을 끌어안고 있다고 말씀드릴 수 있습니다.

존재에 대한 갈망이야말로 고통을 초래하는 것이라는 것을 알고 시험 삼아 '생각하는 것이 아니라도 좋다'라고 완화해 보면 마음이 편안해집니다.

✚
「**대념주경**」: 「대념처경(大念處經)」이라고도 한다. 네 가지 종류의 수행 방법에서 사제(四諦), 팔정도(八正道) 같은 불교의 기본이 되는 실천 방법이 설명되어 있다.

●

077

과거를 인정하고
냉정하게 반성한다

이 책의 후반부에서는 기회가 있을 때마다 저의 실패담과 한심한 이야기를 거론하며 번뇌를 분석하려는 시도를 행하고 있습니다. 그런데 좀처럼 어려운 것은 종종 "제게는 이런 실패가 있었지만, 지금은 그것을 자각하고 있으니까 괜찮습니다"고 정색할 수도 있는 부분입니다.

바꿔 말하면 '나는 틀렸었다'고 과거형으로 인정할 수는 있어도 " '틀렸었다'라고 인정받는 지금의 자신은 옳다"는 식으로, 최근 자신의 판단은 언제나 옳다고 믿도록 뇌에 번뇌가 만들어져 있습니다.

구체적으로 생각해 봅시다. 예를 들어 사직하고 재취업한 사람이 이전 직장에서는 사람들로부터 평가받는 것을 지나치게 중요하게 여겨 자신을 잃어버리고 "지금까지는 좋지 않았다, 새로운 직장에서는 혼자 담담하게 해 나가자"라고 반성했다고 칩시다. 문제는 지금 수정된 생각을 옳다고 생각하고 싶은 나머지 과거의 직장이나 생각을 과도하게 부정하고 싶은 경향에 있습니다.

따라서 다른 사람들이 "이전의 일을 하고 있었을 때, 당신은 빛났습니다"라고 하면 "아니요 그때는 사실 자신을 잃고 있었어요!"라고 감정적으로 과거를 매장하고 싶어지는 것입니다.

더욱이 과거의 자신처럼 사람의 평가에 연연해 하는 사람을 보면 "새롭게 바뀐 자신은 잘못되지 않았다!"라고 자기 암시를 걸고 싶기 때문에 그 사람에게 "사람의 평가에 연연해 자신을 잃으면 안돼요!"라는 성가신 설교를 하고 싶어지게 될 것입니다. 그런데 이것은 반성이 오히려 방해를 해서 냉정함을 잃고 있는 것입니다. "새로운 생각도 올바른 것만은 아니며, 어차피 제행무상으로 생각도 또한 변화하는 것이니까"라고 지금의 자신을 더욱 상대적으로 생각하고 싶습니다.

078

●

실패에 무심하면 홀가분하고
변명하면 꼴사납다

약 10년 만에 가라오케에 갈 기회가 있었습니다. 절의 대표를 비롯하여 노래에 능숙한 참가자들이 구수한 트로트(演歌, 엔카) 등을 부르는 것에 귀 기울이면서 저도 몇 번 마이크를 잡았습니다. 평소 음악을 전혀 듣지 않는 생활을 하기 때문에 무엇을 불러야 좋을지 몰라서 창가의 *데루 테루 보우즈(てるてるぼうず)나 자장가를 골라 부르려고 했지만, 실수를 저지르고 말았습니다. 다른 사람이 팝 음악을 부르는 것을 보고 저도 의외로 현대적인 노래를 알고있다고 과시하고 싶은 자만심 때문에, 무심코 옛날에 좋아했던 시이나 링고(椎名林檎)의 **얏츠케 시고토(やっつけ仕事)라는 시끄러운 곡을 선택하고 말았습니다. 그런데

막상 노래를 불러 보니 멜로디를 잊어버리고 있었고 "아아, 기회가 되어 버리고 싶은데" 등의 독특한 가사가 부끄러워 제대로 부르지 못했습니다. 그래서 "이제 잊어버려서" "예전에는 좋아했는데 지금은 그렇지도 않습니다" "이상하네" "어라?" 등 당장 변명하고 싶은 마음을 숨기는 것이 큰일이었습니다.

어떤 일을 실패했을지라도 무심하면 홀가분합니다만 변명하기 시작하면 한순간에 보기 흉해집니다. 그 변명은 실패했지만 사실 자신이 훌륭하다고 외치는 것과 마찬가지이기 때문입니다. 하여튼 그 당시 변명하고 싶은 욕심과 씨름하면서 간신히 상태가 빗나간 노래를 다 부르고 떠났습니다.

그 마음에 맞춰서 『경집』을 번역해 봅시다. "자신이 뒤떨어져 있다고 부끄러워하거나 더 훌륭하다고 조작하거나 '지금 내 수준은 이정도이다'를 확인하고 싶어 하는 자존심을 떠나라. 자신에 대한 어떤 이미지도 상상하는 일 없이 마음 편히 휴식하도록 하라."(제918게)

✚
테루 테루 보우즈: 날이 들기를 기원하여 추녀 끝에 매달아 두는 종이로 만든 인형이다.

✚✚
얏츠케 시고토: 급하게 대충 처리하는 일이라는 뜻.

●

079

피해 때문에
타인을 비난하는 것은
자신에게 고통을 주는 것과 같다

어느 날 신주쿠(新宿) 역 매표소에서 신칸센(新幹線) 표를 사기 위해 나란히 줄을 서 있는데, 왼쪽 옆의 남성이 무엇 때문인지 격분하여 고함을 치고 있었습니다. 귀 기울여 보니 그는 전차의 지연으로 인해 업무상 용무를 지킬 수 없게 되어서 "너희 때문에 어려움을 겪고 있는데 '어쩔 수가 없지요' 같은 사무적인 태도는 뭐야!"라고 화내고 있는 것이었습니다.

　　이 분노의 배경에는 "나는 불쌍한 피해자니까 특별히 우대받아 마땅하다"라는 발상이 숨어 있는 것을 알 수 있습니다. 일본에서는 언젠가부터 누구라도 피해자인 척 하는 것이 큰 인기가 된 것처럼 보입니다. 피해자로 인정을 받으면 자신을 유리한 입장에 둘 수 있기 때문입니다. "당신 말대로 하는 바람에 곤욕을 당했다" "바람을 피우다니 정말로 끔찍하다. 나는 상처받았다"와 같은 생각부터 결국 "이 사회 때문에, 나의 재능을 살릴 수 없다"라고 피해자인 척하는 것입니다.

덧붙이자면 사실 저도 최근에 "당신이 말하는 대로 하는 바람에"라고 몰아세우는 발언을 한 적이 있습니다. 그런데 나에게 어떠한 피해가 있다고 해도 '가해자'로 몰린 상대방에게 죄책감을 심어 주는 것은 결국 자신에게 유리하게 상대방을 조종하려는 의도가 숨어있는 것이 아닐까요?

하지만 피해자인 척해서 '나는 불쌍하다'라고 여기는 쾌락이 버릇이 되면 상처받는 것을 즐기게 될 수도 있습니다. 대수롭지 않은 일임에도 곧바로 '상처받았다'라며 괴로움을 즐기는 우리 현대인들은 마치 석가모니가 부정한 고행에 열중하는 것과 같습니다.

●

080

자신을 바꾸고 싶다는 재촉은
역효과를 가져온다

제가 자란 야마구치현(山口縣) 가가와(嘉川)라는 시골 마을에서는 도로의 보행자용 신호기가 누르는 버튼 식으로 되어 있는 곳이 많습니다. 어린 시절 신호등 버튼을 능숙한 타이밍으로 연타하면 신호가 빨리 바뀌는 것 같다는 그럴듯한 소문이 있었습니다. 지금 생각해 보면 연타한 시점에서 신호가 바뀔 때까지의 시간 변화는 없었던 것 같습니다만, 우리들은 신호가 빨리 바뀌길 원해서 그 버튼을 연타했습니다.

　생각건대 마음 안에서 이와 유사한 행동도 하기 쉽지 않을까요? 예를 들면, 불교를 실천하여 마음에서 평온을 찾고자 해도 막상 명상에 몰두하면 짜증이 나서 안절부절하기 쉬운 것 말입니다. 이것은 '마음이여 침착해져라'라는 버튼을 눌렀지만 마음의 신호가 바로 바뀌지 않기 때문에 초조해져서 '빨리 빨리'라고 버튼을 연타하는 모습과 닮은 것 같습니다.

그런데 공교롭게도 마음은 재촉하면 긴장을 강요당했다고 여겨 그로 인한 스트레스를 많이 받습니다. 즉 버튼의 연타가 역효과를 불러오는 것입니다. 의욕이 생기지 않을 때 빨리, 노력해야한다고 몇 번이나 분발시키면 역효과를 불러일으키는 것과 마찬가지입니다.

석가모니는 『법구경』에서 "자신조차도 자신의 것이 아니다"라고 말하고 있습니다.(제62게) 이는 자신의 마음은 마치 버튼처럼 자신의 생각대로 '이렇게 해 저렇게 해' 같이 다룰 수 없다는 것입니다. '즐거워져'라는 버튼을 눌러 그대로 된다면 만인이 언제나 즐거울 수 있고 전 세계의 고통은 소멸하겠지만, 그렇게 원하는 대로는 흘러가지 않으므로 사는 것은 괴로운 것입니다.

변화의 씨앗을 뿌렸다고 해도 작물을 바로 수확할 수 없는 것이기 때문에 서두르지 말고 과정에 맡기고 천천히 기다리십시오.

081

타인을
나의 생각대로
바꿀 수는 없다

앞에서 석가모니의 말씀을 인용하면서 자신의 마음조차 생각대로 되지 않는다고 적었습니다. 그리고 그 말씀은 "하물며 왜 자식이 자신의 것인가?" 즉 왜 자식이 자신의 생각대로 되겠는가로 계속됩니다. 그런데 상대를 자식으로 한정하지 않고, 누군가를 움직여 자신의 생각대로 행동하게 하려는(그리고 실패합니다) 것 때문에 우리들은 늘 고통을 맛보고 있습니다.

　　제 사례를 들자면, 지인이 종종 제가 하는 일에 대해 심한 말로 부정하는 것이 괴로워서 "부정적인 말은 하지 않으셨으면 합니다"라고 이야기했고 지인은 "알았다"고 납득해 주었습니다. 이때 저는 이

것을 생각대로 할 수 있는 것이라고 착각했고 변화를 기대했기 때문에 그 후 지인에게 비슷한 어조로 다시 부정되었을 때 화를 내 버린 것이었습니다.

사람을 마음대로 할 수 없는 것은 첫 번째로 상대에게 마음을 전하면 화를 불러일으키거나, 납득시키는 것이 어렵기 때문에 두 번째로 만일 납득한다고 해도 상대도 자신의 마음을 마음대로 못 바꾸는 어려움이 가로막습니다. 화를 잘 내는 사람이 남에게 지적을 당하고 그 의견을 받아들여 상냥해질 수 있는 마음의 버튼을 누른다고 해도 곧바로 부드러워질 수는 없습니다.

공교롭게도 마음은 자신의 의도와는 다른 법칙성에 따라 변화하기 때문에 '부드러워 지고 싶다'라고 생각해도 곧바로 바뀌지 않습니다. 사람을 바꾸는 것은 이처럼 여러모로 불가능한 것이기 때문에, 포기하고 상대를 받아들이거나 그것이 어렵다면 상대로부터 떠나든지 하는 방법으로 어려움을 내려놓는 것이 좋습니다.

082

타인은
그들의 내부 법칙에 따라서
움직인다

도장을 이전한 곳은 낡은 가옥으로 여닫이 상태가 나쁘고 벌레가 많이 들어옵니다. 게다가 산속이라 장마로 인한 습기가 가득해서 공벌레 같은 벌레가 무더기로 들어옵니다.

사람들에게 이런 이야기를 하고 있는데 "그 벌레 만지면 둥글게 되는 거예요, 되지 않는 거예요?"라는 질문을 받고 둥글게 되지 않는다고 대답했습니다. 그러자 상대방은 그 벌레가 공벌레가 아니고 쥐며느리라고 하며, 공벌레보다 발이 빠르고 습한 곳을 좋아한다고 알려 주었습니다.

그런데 재미있었던 것은 "공벌레라면 예쁘지만 쥐며느리가 들어오는 것은 기분 나쁘네요"라는 이상한 차별이었습니다. 저는 그 이유를 되물었고 상대방은 잠시동안 생각하다가 "만지면 둥글게 되는 것이, 내 생각대로 할 수 있다는 느낌이 들기 때문에 귀엽습니다"라고 대답했습니다. 모두 웃으며 자리는 끝났지만 지인이 말한 생각대로 할 수 있다는 느낌은 진짜일까요?

　　분명 공벌레는 외부의 자극이 있으면 안쪽으로 둥글게 말리지만 그것은 공벌레의 자연법칙성으로, 외부의 자극이 그에 부합하는 까닭에 실현됐을 뿐입니다. 뒤집어 말하자면 "손으로 만져서 공벌레의 배가 보이게 젖히고 싶다"고 해도 그것은 자연법칙성과 어긋나기 때문에 결코 생각대로 되지 않습니다. 즉 둥글게 되는 것의 법칙성을 우리가 알기 때문에 서로 그 법칙에 종속되어 있는 것뿐, 우리의 의지대로 조종할 수 있는 것이 아닙니다.

　　돌이켜보면 사람도 마찬가지입니다. 타인은 그들의 내부 법칙에 따라서만 움직이기 때문에 '저렇게 해 달라' '여기를 바꿔 달라'고 외부에서 자극해도 마음대로 움직여 주지 않습니다.

●

083

삶에서 느끼는
불만족의 고통

'모든 것이 그렇게, 자신의 마음조차 의지대로 움직일 수 없다'는 것을 앞에서 되풀이하며 확인했습니다.

　　『무아상경(無我相經)』에서 석가모니는 "'내 마음이여 이렇게 되어라, 이렇게 되지 마라'라고 마음에 명령하여 지배할 수는 없다"라고 설파한 후 "그런 마음은 확고한 신뢰에 의한 것인가, 무상해서 의지할 가치가 없는 것인가?"라고 제자에게 묻습니다. 그리고 제자로부터 "무상합니다 선생님"이라는 답을 기다린 다음 "무상한 것은 고통인가 편안함인가?"라고 되묻고 "고통입니다 선생님"이라고 제자가 대답하는 것이 계속됩니다.

이것은 '생각대로 지배할 수 없다 → 마음대로 변동한다 → 그러나 의식은 생각대로 하지 않으면 싫다는 욕심이 있기 때문에 불만족에 빠진다'라는 것입니다.

네, 곰곰이 생각해 보면 인생에서 궁극까지 만족하여 다른 것은 아무것도 필요 없다는 완전한 마음의 평안에는 이른 적이 없을 것입니다. 또한 사람은 아무리 좋은 사람과 있어도 아무리 좋은 환경을 얻더라도 반드시 환경이나 상황을 개선하고 싶어하기 때문에 불만족, 즉 고통에 빠져 온 것입니다.

마음은 '행복해지고 싶다 = 만족하고 싶다'로 설정되어 있는 반면, 무상과 같이 자연스럽게 변동하고, 무아(無我)와 같이 생각을 따르지 않기 때문에 반드시 불만족으로 되돌아가는 구조로 되어 있습니다. 마치 살아 있는 동안 절대로 이룰 수 없는 골을 목표로 하는 부조리한 게임을 하고 있는 셈입니다.

석가모니는 이와 같이 인생이라는 게임이 절대 해결되지 못하는, 이른바 무의미한 '재미 없는 게임'임을 간파하고, 게임에서 절반은 내려오는 것에 의해서(먼저 지는 것으로) 마음의 평안을 찾기를 권하고 있습니다.

084

●

"고생한 보람이 없다"는
무력감에 맞서자

도장의 정원을 온통 잔디로 덮어야겠다고 마음먹고 잔디 씨앗을 대량으로 사들였는데 씨앗을 뿌리는 땅을 미리 경작해야 한다고 적혀 있었습니다. 괭이로 부지런히 갈기를 계속했는데 지반이 단단한 탓도 있고 해서, 거의 만 이틀이 걸렸습니다.

경작을 마치고 보니 이른바 성취감이라는 것이 다가왔습니다. 그런데 씨앗을 뿌리고 바로 일주일 정도 자리를 비우지 않으면 안 되었기에 "처음에는 매일 물주기를 한다"는 설명서대로 할 수 없었습니다. 마침 장마철이기도 해서 안도했지만 공교롭게도 이때 장마가 오지 않아 돌아온 시점에는 잔디가 대부분 발아하지 않았습니다. 저는 드문드문 조금씩밖에 나 있지 않은 잔디의 모습을 보고 고생하며 노력했던 생각이 나서 실망감을 느꼈습니다.

우리는 고생의 성과가 눈에 보이는 형태로 파악되면 성취감이라는 이름의 유력감을 얻고, 눈에 보이지 않는다면 실망이라는 무력감을 얻습니다. 예를 들면 "불도수행에 몰두해도 성과가 나오지 않기 때문에 싫증 난다"거나 "가족을 이렇게 사랑하는데도 감사받지 못해 짜증 난다"와 같은 감정들입니다.

문제는 이렇게 계속해서 무력감을 맛보는 것을 견디지 못해 대상 자체를 싫어하게 되거나 행위 자체를 그만두고 싶어지는 것입니다. 아니나 다를까 저도 언뜻 정원 가꾸는 것에 싫증을 느끼고 그만두는 것을 고민했습니다.

하지만 이것은 좋아하지 않는 마음이 꾸며낸 변명으로 실제로는 무력감에서 도망치고 싶은 것뿐입니다. 이런 감정을 자신의 존재감을 확인하고 싶은 자만심의 번뇌에 지나지 않는구나라며 넘겨 버리고 하던 것을 계속하는 것이 어떻습니까?

●

085

석가모니는
"애착이 있는 상대를 만들지 말라"고
하셨다

야마구치현에는 리큐 만주(利休饅頭)라는 명과(名菓)가 있습니다. 친분 있는 분이 그것을 '우베(宇部) 만주'로 기억하고 있었는데 제가 웃으면서 "우베 만주라고 알고 계시는 것, 사실은 리큐 만주라고 합니다"라고 정정했습니다.

그런데 몇 분 후에 그분이 다시 "우베 만주가……"라고 말씀하셨고 제가 다시 "우베시에서 만들어진 리큐 만주이죠?"라며 우회적으로 전했습니다. 그러나 그 뒤에도 계속 '우베 만주'라고 하는 것은 변하지 않았습니다.

이 사건이 저와 생소한 사람 사이에 벌어진 것이라면, 재미있는 실수를 하는 사람이라고 생각하고 미소 지으며 즐길 정도의 일에 지나지 않습니다. 하지만 상대에 대해 기대가 있는 사이인 만큼 대화가 통하지 않는 것 같은 외로움, 혹은 무력감을 느낀 것이었습니다.

말하자면 아무리 개입해도 내가 상대방의 사고에 영향을 미치지는 못할 것이므로 나는 무력하다는 것입니다. 그런데 뒤집어 보면 상대에게 영향력을 행사함으로써 자신의 유력감을 확인하고 싶기 때문에 슬퍼지거나 쓸쓸해지는 것입니다.

자신이 그다지 집착하지 않는 상대에 대해서는 영향을 미치고 싶다는 기대도 하지 않으므로 앞에서 이야기한 것처럼 마음이 편한 것입니다. 상대에 대한 집착이 슬그머니 자리 잡고 있는 바람에 우리는 오히려 고통받는 처지가 됩니다.

거기에서 상기되는 것이 『법구경』입니다. "애착이 있는 상대를 만들지 않도록 하라. 상대의 존재가 너의 애착에 어긋날 때는 고통을 가져오기 때문이다."(제211게)

086

●

사랑스러운 상대는
끊임없이 잃게 된다

앞에서 『법구경』의 말을 꽤 자유롭게 번역했습니다. 그런데 원래의
말은 '사랑하는 사람을 잃는 것은 고통스러운 일이기 때문에 사랑하
는 사람을 만들지 않도록 하자'는 것입니다.

　여기에서 '사랑하는 사람을 잃는다'라고 하면 일반적으로 머지
않아 상대와 헤어진다거나 언젠가는 사별(死別)한다는 것처럼 훨씬 미
래의 일로 이미지화 되는 경향이 있습니다. 저도 고등학교 시절, 수업
시간에 ✛일체개고(一切皆苦)의 해설 중 하나로 ✛✛애별리고(愛別離苦) 즉
사랑하는 사람을 잃는 고통을 언급했을 때 "언젠가 헤어질 때에 고통
스럽다고는 하지만 함께 있을 수 있는 시간이 무척 길기 때문에 일체

개고라고 생각되지는 않는다"라고 생각했습니다.

하지만 사실은 '사랑하는 사람을 잃는다'라는 것은 상대가 눈앞에 있어도 서로를 불편하게 느낄 때마다 생기는 현상이 아닐까요? 앞에서 저의 치부를 드러내면서 나타낸 것처럼 상대방이 자신의 말을 들어주지 않거나, 애착을 갖고 있는 상대가 약속을 어기거나, 화를 내거나, 부족하다고 느끼거나, 불편한 일이 생길 때마다 이른바 '사랑하는 상대'는 죽고 '싫어하는 상대'로 다시 태어나는 것입니다. 그래서 '사랑하는 사람을 잃는다'를 '상대의 존재가 너의 애착에 어긋난다'라고, 언제나 일어나고 있는 것으로 의역한 것이었습니다.

이렇게 미시적(微視的)인 아주 작은 차원에서 상대의 환생을 살펴보면, 좋아하는 상대에 대해 싫은 생각이 들어 괴로워하는 시간이 계속 밀려드는 것입니다. 때문에 석가모니의 말은 다음과 같이 계속됩니다. "애착과 증오라는 양극의 감정을 떠나보내면, 마음은 얽매이지 않고 고통은 사라진다"

✛
일체개고: 불교에서 사람이 무상함과 무아를 깨닫지 못하고 영생에 집착하여 온갖 고통에 빠져 있음을 이르는 말.

✛✛
애별리고: 불교에서 말하는 팔고(八苦)의 하나로 사랑하는 사람과 헤어져야 하는 괴로움.

제5장

•

비교하지
않는다

●

087

건강에 대한 집착으로
늙고, 죽는것을 잊는
어리석음

어느 날 아침의 일입니다. 도장의 다다미 전체가 검은 곰팡이로 빽빽하게 덮여 있는 것이 아니겠습니까? 눅눅한 날씨 때문에 곰팡이가 피기 시작한 것입니다. 전기 제품을 선호하지 않음에도 제습기를 구입한 상황이었지만 이것조차 속수무책이었습니다.

전날은 곰팡이를 피해 이불을 침실에서 좌선실로 옮기고 거기서 잠을 잤으나 마침내 좌선실도 곰팡이로 침식됨에 따라 일단 다다미를 일제히 들어 올려 널어 놓고, 그날 밤은 인근 민박집에 머물기로 했습니다.

이렇게 주거에 관한 일로 허둥지둥할 때면 으레 『법구경』의 구절이 머리에 스쳐 지나갑니다. "어리석은 사람은 우기에는 어디에서 살아야 하나, 겨울에는 여기에서 살고 여름에는 저기에서, 이렇듯 이 것저것 생각하는 사이에 순식간에 노쇠하여 결국 누구나 죽음을 맞이한다는 것을 잊고 있다."(제286계)

이렇게 원래 불교에서는 뱀이나 벌이 있는 곳일지언정 나무 아래에서 숙박하며 정착하지 않고 수행하는 것이 이상적이라고 여겨져 왔습니다. 석가모니 자신이 정사(精舍)를 기부받아 정착하고 나서도, 아무것도 가진 것 없이 주거에 집착하지 않고 ✚유행(遊行)하는 ✚✚두타행(頭陀行)이라는 것이 권장되어 왔습니다.

어느 틈엔가 그 삶의 태도에서 아득히 멀어져 버린 것이라고 반성하지만 도장에서 "곰팡이 정도는 괜찮다고 가볍게 여긴 탓에 장기간에 걸쳐 스스로 건강을 해친 것을 상기하면 두려워지는 것입니다.

건강 즉, 생명에 대한 집착을 내려놓는 것에는 진지한 수행도 도움이 되지만 필사적인 힘을 점점 잃어 가는 자신의 나약함을 다시 되돌리고 싶습니다.

✚
유행: 승려가 포교와 수행을 위하여 여러 지방을 돌아다님.

✚✚
두타행: 의식주에 관한 탐욕을 제거하기 위한 수행.

088

●

지금 있는 곳을
마음이 편안한 장소로
만들자

'정숙하게' '침묵 ☆'은 좌선명상을 하는 학생들이 조용함을 지키도록 촉구하기 위해 제가 일러스트와 함께 도장 입구에 적어놓은 짧은 메시지입니다.

명상에서는 주위가 술렁일 때 그것이 궁금하다 해도 자신을 응시하고, 마음의 웅성거림을 가라 앉히는 것이 요구됩니다. 하지만 명상에 상당히 익숙하여 어떤 상황에서도 마음의 평정을 유지할 수 있는게 아니라면 시각, 청각이나 정신적으로 정적을 유지할 수 있는 환경에서의 수행이 노력하기에는 더욱 쉬운 것입니다.

그렇기 때문에 도장의 환경을 명상 초심자에게 적합하도록 조용한 환경을 조성하기 위해 유의하고 있습니다. 그런데 이렇게만 말한다면 도장의 평판은 좋겠지만 문득 반성하자면, 사실은 단지 제가 개인적으로 정적을 좋아해서 도장이 소란스러운 것이 싫다는, 조용함에 집착하는 마음도 섞여 있는 것 같습니다.

이렇게 해서 지금 집필을 하고 있는 장소도 적당히 조용하고 차분한 카페를 선택했습니다. 그러나 오로지 수행에 정진하던 당시에는 '조용하고 마음에 드는 카페'라고 말할 수 있는 빈틈없는 장소가 필요하지 않았습니다. 어떤 장소나 환경도 '지금, 마음이 조용해지는 장소'였으며 그로인해 일도 순조롭게 진행되었던 것으로 기억합니다.

일상을 잠시 잊고 카페에서 기분 전환을 하는 것은 언뜻 보면 우아할 것 같습니다. 하지만 애초에 잊고 싶은 일상이 없을 정도로 매일매일이 우아하고 조용하다면 기분 전환도 필요 없을 거라고, 기분 전환을 하면서 적고 있습니다.

●

089

친절을 빌린 자기만족은
쉽게 드러난다

가게에서 차를 마시고 있는데 하카타(博多) 사투리로 생각되는 말투를
가진 활달한 두 여성들의 대화가 문득 귀에 들어왔습니다. "여기 케
이크는 예쁘지만 전혀 배가 차지 않아" "그래 맞아 달콤함도 부족하
고……"

　　그런데 한 사람이 학교 급식을 만드는 일을 하고 있는 듯 "네가
만드는 것은 맛도 좋고 양도 많고 최고라니까"라고 말하자 그 여성
은 "아니야 나는 급식 같은 것밖에 못 만들고 ⁺그의 밥(彼メシ) 같은 세
련된 것은 못 만들어"라고 대답했습니다. 그러자 다시 칭찬한 여성이
"아니야, 남자는 그런 화려한 걸 원하지 않아. 그것은 여자의 자기만

족이라고 생각해"라는 대답으로 핵심을 짚었습니다. 그 주고받는 대화에 귀를 기울이며 피식 웃고 있는데, 자기만족이라는 핵심이 제 마음을 조금 아프게 찔렀습니다.

　최근 저는 오래된 지인을 돕기 위해 고심하고 있었습니다만, 결국 거절당했습니다. 도움을 거절하는 지인의 말에는 "나를 돕고 있는 당신의 이미지는 있겠지만, 도움을 받고 있는 나의 이미지는 없는 것이 아닐까요?"라는 의미가 내포되어 있었습니다. 확실히 저도 예전에 폐를 끼쳤던 것에 대한 속죄라는 측면이 있다는 것을 부인할 수 없었고, 절반가량은 자기만족이라는 것을 상대도 알고 있었던 것입니다.

　여기서 『경집』을 자유롭게 번역하여 깨달아 봅시다. "당신을 위해서라고 생색을 내는 주제에 상대의 희망을 짐작하지 않는 사람은 수치를 모르는 위선자이다."(제253게) 이처럼 저의 친절은 위선이었기 때문에 와 닿지 않았던 것입니다.

✚
그의 밥: 일본의 유행어로 남자친구를 위해서 만드는, 남성이 좋아할 만한 식사를 말한다. '그이의 밥'이라고도 한다.

090

이타심利他心에 숨어 있는
명예심이라는 번뇌

이따금씩 함께 차를 마시는 지인과 오래간만에 만났을 때의 일입니다. 무엇 때문인지 그분은 회사에서 인간관계가 심하게 꼬여 있는 듯 "일주일간 한 번도 웃어 본 적이 없습니다"라고 말했습니다. 이 말은 함께 이야기하고 있는 동안 웃음이 번지고 "아~ 오랜만에 웃었습니다"라고 기쁜 듯이 말을 하면서 나온 것이었기 때문에 저도 기쁘게 생각했습니다.

하지만 나중에 깨달은 것은 '불행한' 상황에 처해있는 그분을 "내 덕에 웃게 해 주었다"라고 활약한 것을 기뻐하는 저의 오만한 자만심이었습니다.

이러한 심리에 대해 철학자 스피노자(Baruch de Spinoza)는 저서 +『에티카(Ethica)』에서 "자신이 영향을 미치고 상대에게 쾌(快)가 생기고 있는 것을 알면, 우리에게는 쾌가 생기고, 이 쾌의 감정을 명예심이라고 생각한다"라고 분석하고 있습니다.

하지만 이러한 명예심(번뇌)이 생기려면 상대방이 어려움을 겪고 있어야 감사받기 쉽기 때문에 바람직한 상황이라고 할 수 없습니다. 그 때문에 정신적으로 흔들리고 자신감이 없는 사람은 어려운 이웃을 찾아서 돌보고 싶어 하거나 종교인 혹은 상담원이 되고 싶어 하는 경향이 있습니다.

이 구제자 콤플렉스는 앞에서 언급했듯이 위선과 자기만족의 덫에 빠지기 쉽기 때문에 주의해야 하는 것입니다. "상대를 위해서 해주고 있다"라고 착한 척하는 가면을 벗고, 위선이었음을 인정하고 스스로의 나약함을 되새겨 봅시다.

+ **에티카**(Ethica Ordine Geometrico Demonstrate): 기하학의 논증법을 응용하여 윤리학을 정리하여 체계를 세운 것으로 스피노자 철학의 범신론적 체계가 들어있다.

●

091

자신의 계명을 남에게
강요하지 말자

열심히 불도를 실천하기 위해 명상하는 학생들로부터 가끔 "불살생(不殺生)의 교훈을 스스로 지키지만, 가족이 모기를 죽이거나 살충제를 사용하는 것을 자제시키려고 하면 분위기가 험악하게 되어 버립니다"라는 상담을 받습니다.

저는 이 질문에 "어디까지나 교훈은 자신을 다스리기 위한 것이며 이것이야말로 올바른 것이라고 타인에게까지 강요하고 싶어진다면 그것은 한낱 견해의 번뇌가 되어 버리므로 주의하고, 타인의 일은 내버려 둡시다"라는 회답을 하고 있습니다.

그러나 남의 일을 말하기는 쉽지만 정작 자신의 일이 되면 어렵습니다. 생판 남에 대해 불살생을 강요할 마음은 없지만, 절에 사는 가족에 대해서는 무심결에 적어도 불살생 정도는 모두가 관철하자고 생각하는 경향이 있기 때문입니다.

모기를 죽이는 전기 제품을 침실에서 찾아낸 다음 "이 기계는 모기를 죽이니까 죽이지 말고 쫓아 버리자"라고 한 뒤 별로 효과가 없는 방충용 선향으로 바꿨습니다. 그날 밤 가족들은 모기에 물려 가려웠던지 다음 날 아침 잠을 별로 못 잤다는 불만을 호소했습니다.

그런데 종교라는 것의 무서운 점은 어느새 스스로 옳은 일을 관철하는 것은 좋은 일이라고 믿고 타인을 괴롭히는 원리주의자가 되기 쉽다는 것입니다.

이런 점에서는 석가모니도 섣부르게 "남이 살아 있는 것을 죽이는 것을 용납해서는 안 된다"『경집』(제394게)라고 말하고 있는 만큼 정당화하고 싶어집니다. 그러나 석가모니의 말씀이 "모든 생물에 대한 폭력을 삼간다"로 이어지는 것을 생각하면, 종교를 강요당하는 상대에 대한 폭력이 되지 않도록 조심해야겠습니다.

092

신념을 지키는 순간과
포기하는 순간을
판별한다

살아 있는 것을 죽이지 않는 불살생계(不殺生戒)를 방심하면 저도 가족에게 강압적으로 행동하게 되고 마음 아파한다는 이야기를 앞에서 적었습니다. 그 화제에서 언뜻 상기된 것은 얼마 전 매우 괴로웠던 사건입니다. 제가 주지를 맡고 있는 야마구치현의 사찰의 본당과 부엌을 잇는 복도의 바닥에 대규모 흰개미 피해가 발생한 것입니다.

　　당시 저는 지금보다 훨씬 불교 원리주의적이었기 때문에 흰개미가 사람을 괴롭히고 싶어서 나무를 먹는 것이 아니고 열심히 살아 있을 뿐이라고 생각했습니다. 그래서 일방적으로 약제를 이용하여 대량 학살 할수 없다고 생각했습니다.

그래서 해충 퇴치 회사의 직원과 죽이지 않고 피할 수 있는 방법을 상의해 보았지만 일단 여러 가지 조사를 해 본 후 공교롭게도 "여기까지 피해가 확산되면 죽이는 수밖에 없습니다"라는 답변을 들었습니다.

저는 죽이는 것보다는 복도를 썩게 놔두는 편이 좋다고도 생각했습니다만, 그런 극단적인 발상에 대해 가족에게 "모두의 사찰인데 너의 신조 때문에 썩게 놔둘 수 없다"고 충고를 들었습니다. 그래서 논의를 거듭한 결과, 저는 이 건에 관여하지 않고 다른 가족과 시주 대표님들의 합의로 이 일을 처리하자는 제안이 있었습니다. 저는 그 당시 '보고도 못 본 척한다'라는 선택밖에 없는 것 같은 생각이 들어 그렇게 했습니다.

돌이켜 보면 결국 대표님들한테 흰개미를 죽이는 부담을 떠넘기고, 퇴치하러 온 업체 분들이 저와 눈을 마주치면 미안한 표정을 짓게 하는 등, 저의 철없는 사고방식 때문에 어중간한 일이 되어 버렸습니다.

신조를 포기하게 된다면 그 임계점을 확인하는 것이 어려운 것임을, 아픔을 통해 터득한 일이었습니다.

093

●

독선적인 신앙심은 분쟁의 원인

자신이 실천하는 도(道)에 알게 모르게 집착하는 폐해에 대해 앞에서 적었습니다. 불교일지라도 "이것이야말로 진리이기 때문에 모르는 사람이 잘못된 것이다"라는 발상으로 대응한다면 광신적인 종교 실천의 부류로 쉽게 빠져 버릴 수 있습니다.

여기서 '종교'라는 단어의 개념을 '으뜸으로 여기는(= 자기에게 중심으로 자리 잡는) 가르침' 정도로 소박하게 풀어 둡시다. 중립적인 의미에서는 어떤 가르침을 신뢰한다는 종교 자체는 아무런 강요를 하지 않습니다.

그런데 문제는 자신의 중심축으로서 어떠한 실천법이나 가르침을 필요로 하는 사람은 원래 몹시 불안정하거나 자신감이 없고, 이 세상에 익숙해지지 못하고 우울해하는 경향이 강하다는 것입니다.

이렇게 어딘가 사회에 잘 적응하지 못하는 사람들은 그것을 대체하기 위해 사회와는 다른 기준으로 자신을 평가합니다. 그리고 마음의 훈련을 통해 성장할 수 있는 게임으로 스텝 업(step-up) 함으로써 '자신감'을 회복하려는 측면도 있음을 부정할 수 없습니다.

이렇게 보이지 않는 심리가 숨어 있는 만큼 '훌륭해진 자신'이라는 환영을 유지하기 위해 계율을 지키는 것에 집착하거나 우리 종교와 어긋나는 생각을 가진 사람을 업신여기는 경향도 갖게 됩니다. 그렇다면 해독제로서 " '내 생각이야말로 진리이다. 다른 사람은 틀리다'는 독선적인 주장을 하는 탓에 사람은 언제까지나 다툼 속에 계속 머물게 된다"는 『경집』의 한 구절을 받아들여 봅시다.(제796게)

●

094

의욕을 유지하기 위해서는
자신의 의지대로 하는 형식이
중요하다

어린 시절 누군가 "숙제하세요"라고 말하면 "지금부터 하려고 생각했어요!"라며 화를 내거나 "그런 식으로 말하는 바람에 의욕이 없어졌다"고 토라졌던 기억은 누구나 오래된 추억으로 가지고 계실 것입니다.

정말 '지금부터 하려고' 했었는지 몰라도 이 기억의 중심에 있는 것은 자신의 의지로 그것을 선택했다는 외형입니다. 이것은 자신의 의지를 유지하기 위해서 중요하며 타인의 말을 듣고서야 행동하는 형식이 되면 자존심에 심각한 상처를 받는 것입니다.

화제를 돌려서 미나모토노 요리이에(源賴家)를 아십니까? 무사의 카리스마로 여겨졌던 미나모토노 요리토모(源賴朝)와 비구니장군으로 불리던 호조 마사코(北條政子)의 자식으로 가마쿠라 막부(鎌倉幕府)의 단명한 제2대 장군입니다. 요리토모가 죽고 요리이에는 장군이 되지만 어머니 마사코와 중신들은 섭정(攝政)하는 것으로 합의하였습니다. 요리이에는 그 결정에 화를 내고 '스스로' 정치를 하려고 했으나 결국 그들과 대립하여 매장된 비운의 청년입니다. 그는 단순히 이기적인 바보였던 것일까요?

아니요, 그도 분명 어머니와 중신들의 말이 '올바르다는'것 정도는 알고 있었을 것입니다. 하지만 타인의 말대로 행동해야 하는 상황에 놓였기 때문에 오히려 반발하고 싶었는지도 모릅니다.

✚『대반열반경(大般涅槃經)』에서 '자신과 마음의 법칙만을 근거로 하도록'이라고 설명된 것을 살짝 확대 해석한다면, 다른 이들도 그들 자신을 근거로 할 수 있도록 상대의 실권을 빼앗지 않도록 해야 한다고 할 수 있습니다. 역사의 비극으로부터 무언가를 배울 수 있다는 생각이 듭니다.

✚『대반열반경』: 석존의 입멸(入滅)에 관하여 설명한 경전. 한역(漢譯)에 소승(小乘)과 대승(大乘)의 두 경전이 있으며, 소승은 석존 입멸 전후를 주요 내용으로 하며, 대승은 석존이 입멸 직전에 설한 교의를 그 내용으로 한다.

095
●
절대적인 경전은
존재하지 않는다

종교(설사 그것이 불교라도)에 집착하는 미묘한 위험성에 대해 적어 왔습니다. 종교에 열중하는 사람일수록 경전에 기록된 것을 구구절절 진리인 것으로 받아들이는 경향이 나타날 것입니다. 하지만 궁극적으로 그것들은 단순한 글자에 지나지 않습니다.

원시(原始)의 불전을 살펴보면, 이 책에서 자주 인용하는『경집』은 가장 오래된 경전으로 석가모니의 육성을 전하고 있다고 여겨지지만 그것조차 그대로 받아들일 수는 없습니다. 불교학의 태두(泰斗)인 나카무라 하지메(中村元) 박사는 문헌학적으로『경집』의 4장과 5장은 오래된 것이고 그 이외의 장은 나중에 덧붙여진 것이라고 주장하

고 있습니다. 확실히 4장의 꾸밈없지만 깊은 내용에 비해 다른 장에
는 석가모니를 위대한 성자로 추대하는 말이 다수 섞여 있다고 생각
됩니다.

　예를 들어 『경집』 중 호신(護身)의 주문으로 제기되는 경우가 많
은 '보경(宝経)'에서는 몇 번이나 승단을 치켜세워 어떻게 보시받는 것
이 합당한지 역설하고 있습니다. 그런 자화자찬을 석가모니가 일부
러 설법했다고 보기는 어렵고, 후대에 교단이 권위부여를 위해 만든
것으로 의심하고 싶어집니다.

　그 외에도 들어 보면, 경(経)·율(律)·론(論)의 삼장(三蔵)에 통달한
박학한 승려가 석가모니에게 "텅 빈 경전 씨"라고 놀림을 받고, "나는
배우는 것만 하고 수행을 하지는 못했다"라고 깨달은 뒤 개심했다는
경문이 있습니다. 하지만 삼장 가운데 논장(論蔵)은 석가모니의 사후
에 만들어진 것으로, 석가모니가 살아 있는 동안에 이론을 배운 승려
가 나오는 것은 모순입니다. ·

　이러한 예는 아주 일부지만 무수한 의문점을 고려하면 절대적으
로 올바르고 믿을 수 있는 경전은 없습니다. 원시 불전이라도 문자로
기록된 말에 지나지 않으며, 조금 배제해서 읽는 정도의 거리감을 두
는 것이 광신하는 것을 막아 줄 것입니다.

096

지나치게 좋아하는 것은
멀리한다

"최근 관심이 가는 것은 ⁺갸리 파뮤파뮤(きゃりーぱみゅぱみゅ) 정도밖에
없네요" 조금 전까지 그 가수에게 흥미가 없는 것 같았던 소꿉친구가
하는 말이기 때문에 제행무상을 느끼고 깊이 감동했습니다.

　　이것에는 인연이 있는데, 이전에 필자가 잡담을 하면서 그 기묘
한 이름의 존재를 알았을 때 직감적으로 "위험한데"라고 생각한 적이
있습니다. 제 뇌가 그녀의 얼굴을 '예쁘다'로 입력했고 특이한 포즈나
패션도 인상적이었으며 옛날에 좋아했던 캡슐(CAPSULE)의 나카다 야
스타카씨가 작사, 작곡을 담당했다는 점도 좋아할만한 이유가 되는
것이었습니다. 그리고 이러한 특이함에 대한 갈망은 제가 마음 어딘

가에 품고 있던 것으로, 그 갈망을 참는것이 어려웠기 때문에 수행하면서 봉인해 온 것인 만큼 위태롭다고 느낀 것이었습니다.

앞서 이야기한 소꿉친구와 둘이서 장난삼아 "얼마나 중독성이 있는지 시험해 보자"라며 그녀의 뮤직 비디오를 시청해 본 게 운의 종말이었습니다. "캔디 캔디"라는 후렴구가 머릿속에 박혀서 잠깐의 좌선 중에도 머릿속에서 재생되는 상황이 된 것입니다. 이렇게 '세뇌' 되지 못하도록 '수행 중에는 음악을 듣지 않는다'는 계율의 중요성을 재인식하게 되었습니다.

그런데 "별거 아니야"라고 말하던 소꿉친구도 그 후에는 왠지 모르게 노래 가사의 첫머리를 언급할 만큼 팬이 되었습니다. 한편 저는 그 후 그녀의 모습과 노래에 대해서 전혀 언급하지 않았더니 고요함이 되돌아왔습니다.

"마음의 평온을 유지하기 위해서는, 지나치게 좋아하는 것을 멀리하라"는 계율을 스스로에게 부과한 것이 유용했지만 조금 쓸쓸합니다.

✚
갸리 파뮤파뮤: 인형 같은 패션이나 독특한 음악으로 유명한 일본의 여성 모델 겸 가수

097

●

타인의 시선을 의식하는 허영심에
휩쓸리지 않는다

얼마 전 취사할 수 있는 온천 여관에 묵었을 때의 일입니다. 여관의 여주인이 요리를 내주신다고 했지만(그 시점에서 채식을 하고 있었던 저는) "저는 채식을 해서 까다로우니 직접 요리하겠습니다"라고 모처럼의 호의를 거절했습니다.

저는 채식 안에서도 오보 채식주의자(Ovo-vegetarian)라고 하는 알(달걀 종류)은 먹는 부류였기 때문에 숙소에 메추리 알을 가져와서 요리하고 있었습니다. 그러나 쪼갠 메추리 알의 껍데기를 숙소의 음식물 쓰레기통에 버리는 것을 조금 망설였습니다.

여주인이 청소할 때 쓰레기통 안에 메추리 알 껍데기를 보면 "저스님은 채식을 하는 척했지만 사실은 거짓말이었구나"라든가 "내 요리를 먹고 싶지 않은 핑계였나"라고 생각하면 어쩌나 하는 생각 때문이었습니다. 이것은 분명히 지나친 걱정입니다. 그런데 이렇게도 자신이 어떻게 보여질지 고민하고 위축되는 소심함이 마음속에 있는 것입니다. 그 생각의 뿌리에 있는 것은 허세나 허영심이라고 부를 수 있는 것으로, 저는 주방의 쓰레기통 앞에서 자신의 허영심과 마주 보는 처지가 된 것이었습니다.

메추리 알 껍데기를 보이지 않게 싸서 숨겨 버리고 싶은 마음에 위태롭게 떠내려가게 될 것 같은 자신. 다만, 그렇게 다른 사람의 눈치를 보며 살아가는 것이야말로 자신을 힘들게 하므로, 누가 어떻게 생각하더라도 내 자신이 스스로를 알고 있으니까 괜찮다고 생각하는 게 어떨까요. 그렇게 다시 생각하고 당당하게(?) 메추리 알 껍데기를 버렸지만 여기까지 소심한 사람의 내면적인 격투였습니다.

『법구경』에서 이르기를 "주관적으로 쓸데없는 일을 지나치게 생각해서 마땅히 부끄럽게 여겨야 할 일이 아닌 지점에서 부끄러워하고, 마땅히 부끄럽게 여겨야 할 지점에서 부끄러워하지 않는 사람은 지옥에 떨어진다"(제316게)라고 합니다.

●

098

오해받는 것을 겁내지 않고
"아니야"라고 말할 수 있으면 된다

앞에서 저의 소심함을 소재로 해서 적은 글도 있습니다만 어차피 짧은 인생이기 때문에 망설이지 않고 무엇에 대해서도 당당하고 싶습니다.

누구에게 어떻게 생각되든 전혀 아랑곳하지 않고, 천진난만하고 순순하게 살아 있을 수 있으면 좋겠다는 것이 제가 불교수행에 몸을 던지게 된 첫 동기 중의 하나였습니다.

즉, 근원을 바로 잡지 않으면 남의 눈을 지나치게 걱정하다 지치는 경향이 있기 때문에 그것으로부터 벗어나기 위해 정진하고 있다고도 말할 수 있습니다. 그러나 종종 좌절하기도 합니다.

최근에 있었던 우스꽝스러운 이야기를 해 보겠습니다. 어머니가 가족회의를 위해 야마구치현에서 아득히 먼 가마쿠라의 도장까지 오셨습니다. 근처 역까지 마중을 나갔는데 역에서 도장까지 걷는 도중, 가급적 함께 있는 것을 아무에게도 보이고 싶지 않다는 생각에 열심히 걷고 있는 제가 있었습니다.

그 마음은 나이에 비해 젊게 보이는 어머니에 대해서 전부터 "부인입니까?"라고 묻는 경우가 많았기 때문에 역 앞 가게의 낯익은 분들이 착각하는 것이 싫어서였습니다. 그런 마음으로 무심결에 성급하게 걸었습니다만 생각해 보니 전혀 당당하지 않은 행동이었습니다.

곰곰이 생각해 보면 혹시 오해를 받더라도 기회를 봐서 "아니에요"라고 말하면 되는 일을 "그렇게 보이고 싶지 않다"라는 생각 때문에 죄를 범하고 말았습니다. 아아, 『경집』에서 이르기를 "내가 알려지지 않도록, 숨기는 것이 있는 사람은 인품이 비루한 사람이라는 것을 알도록"(제127게)이라고 했습니다.

●

099

무리한 거짓 친절은 버리자

"되도록 자연스럽게, 무슨 일이 있어도 하고 싶지 않은 일은 '할 수 없다'라고 거절하거나 억지로 주위에 맞추는 것을 그만두었더니 상당히 편해졌습니다" 이러한 내용의 편지를 독자로부터 받았습니다만 그것은 대략 다음과 같은 내용으로 이어집니다.

"자신은 편해졌습니다만 가족들로부터 '전보다 차가워졌네'라고 비난받습니다. 저는 자비라는 관점에서는 잘못된 것입니까?"

저도 "수행을 시작하기 전에는 조금 친절한 면도 있었는데 요즘은 정말 친절하지 않다"라는 말을 들은 적이 있어서, 말하자면 같은 고민을 가진 사람이기 때문에 잘난 체하며 회답할 수 있는 입장이 아닌 것 같았습니다.

　다만 과거의 자신을 되돌아보면 친구들에게 따돌림당하는 것이 무서워서 필사적으로 화제를 맞추거나, 가족으로부터 칭찬받는 것이 기분 좋고 모두의 기쁨을 우선시해서 자신의 마음을 억제한 것은 친절함이나 자비라고 부를 수 없다는 것입니다. 주위 사람들에게 평판이 좋은 '친절'로 받아들여진다고 해도, 본인은 남의 눈을 의식하면서 움찔움찔 괴로워하고 있는 것이기 때문입니다.

　그 움찔움찔하는 것이 평가를 걱정하는 번뇌라고 알아차리면 근본으로 되돌아갈 수 있습니다. 그 근본이 편지를 주신분과 나의 경우처럼 꽤 차가워서 건조한 것이라고 해도 싫은 현실을 출발점으로 삼을 수밖에 없습니다.

　물론 자비를 수양하는 것도 중요합니다. 그렇지만 겉치레에 앞서 우선은 자신을 사랑해서 괴로워하지 않는 여유가 없으면 사람에의 다정함은 가짜가 될 것입니다.

100

●

성장을 위해서
미완성을 자각하는 겸손이
필요하다

가마쿠라 말기부터 남북조 시대에 걸쳐 호우조씨(北条氏), 아시카가 씨(足利氏), 고다이고 천황(後醍醐天皇)들에게 한결같이, 스승으로서 극진하게 모셔진 무소 소세키(夢窓疎石)라는 선승이 있었습니다. 언뜻 보면 권력에 아첨하고 있는 것처럼 보일지도 모르지만 그의 인생은 오히려 계속해서 은둔 생활을 하며 수행을 계속하려는 열정으로 관철되고 있습니다.

그가 고다이고 천황의 거듭된 부탁을 이기지 못해 결국 자연의 깊은 곳에서의 은둔 수행을 매듭짓고 교토(京都)로 나아가 세상에 시달리기 시작했을 때의 나이는 이미 51세였습니다.

그는 젊었을 때 스승에게서 진리를 터득한 것을 인정받고도 만족하지 않고 납득이 갈 때까지 파고들었습니다. 그리고 권력자에게 지도해 달라는 요구를 받아도 뿌리치고 변함없이 명상을 깊게 하기 위해 수도 생활을 했습니다. 이처럼 수십 년에 걸친 고독한 구도 생활이 있었기에 권력의 핵심에 있어서 세상에 시달리게 되고 나서도 마음을 어지럽히지 않고 탈속의 자세를 무너뜨리지 않은 채 불교의 지도나 정원을 조성하는 일 등에 기지를 발휘할 수 있었던 것입니다.

반대로 필자는 수행의 진행단계에서 깨달았다고 착각했기 때문에 너무 일찍 은둔 생활을 접고 세상에 나와 시달리기 시작했습니다. 그리고 너덜너덜해져서야 겨우 재출발하고 싶다고 생각하는 요즘, 무소 소세키의 단호한 은둔의 발자취가 눈부시게 비칩니다.

"자신이 계율을 지키고 있다고 자만하는 사람은, 계율을 지킬 수 없는 사람을 무시하고, 자신에게 지혜가 생겼다고 자만하는 사람은 지혜가 없는 사람을 얕보고, 성장하지 않게 된다"『몽중문답집(夢中問答集)』라고 설파하던 그는 자신의 성장에 있어서 '미완성'을 자각하는 겸허함이 최선의 비료인 것을, 속속들이 알고 있었던 것입니다.

101

●

칭찬받고 싶어 하는 마음은
자만과 같이 비루하다

지인이 이전에 근무했던 회사의 사장은 사사건건 "우리 회사 좋은 회사지?"라고 자랑해 직원들의 눈살을 찌푸리게 했습니다. 그런 사장에게 어느 날 손님들이 거액의 계약을 따낼 수 있었던 비결에 대해 질문을 했습니다. 사장은 지인에게 "고객의 개인적인 고민에까지 친절하게 귀를 기울여 주고, 고객이 감동받을 정도로 얼마나 훌륭한 영업을 했는지 나 대신 말해 줘"라고 말했습니다.

이와 같은 자만심으로 여기까지 왔다면 좀 미워할 수밖에 없을 것 같습니다. 그런데 이 순진한 사장의 무의식적인 판단은 "스스로를 자랑하는 치사함이 없는 것처럼 가장하여 제삼자에게 칭찬을 받는 것이 설득력이 커진다"라는 것입니다. 그것은 마치 『경집』의 한 구절인 "자기가 하고 있는 선한 일에 대해 묻지도 않았는데 이것저것 말하고 싶어 하는 자는 더러워져 있다"(제782게)라는 것과 같아 마치 허를 찔리기라도 한 것 같습니다.

"더러워져 있다"라고 느끼지 못하게, 자랑하고 싶을 때 우리는 남에게 칭찬하게 하고 싶은 것입니다. 그것은 남의 일이 아닙니다. 제게도 경험이 있습니다. 필자가 요리 보조를 했을 때 그 요리가 맛있어서 화제가 되었는데 "이분이 그 요리를 만드셨습니다"라고 말해 주지 않는 것에 쩨쩨한 불만을 느끼는 자신을 발견했던 일입니다.

그렇지만 제가 요리를 도왔다는 치사한 자랑까지 할 마음은 없었고, 그 사장과 마찬가지로 "내 공로를 말해 주면 좋으련만……"이라는 더러운 마음이 되어 있었습니다.

"자신의 공로를 칭찬받고 싶다"라는 생각 따위는 떨쳐 버리고 "말하지 않아도 ✝숨기어도 꽃(秘するが花よ)"이라고 만족하고 싶습니다. 그렇게 마음을 바꾸었더니 편안함이 되돌아왔습니다.

✝
숨기어도 꽃: 노가쿠시(能樂師)인 제아미(世阿彌)의 예론서(禮論書)『풍자화전(風姿花傳)』에서 온 말로, 숨기기 때문에 꽃이 된다. 숨기지 않으면 꽃의 가치는 없어져 버린다고 하는 의미이다.

●

102

선행은
남이 모르게 행하는 것이 좋다

자신의 공로는 자랑하지 않고 '숨기어도 꽃'이라고 앞에서 적었습니다. 그러다가 갑자기 자신을 돌아보면 자주 자랑하고 싶어지는 오만함에 마음이 침식되고 있다고 깨닫게 됩니다.

　　예를 들어 절의 부엌 싱크대 배수구에 음식물 쓰레기가 쌓여 찌꺼기가 붙어 있는 것을 발견했을 때 그것을 깨끗이 닦고 부엌 전체를 청소했을 때, 사실은 단순히 자신이 더러움이 싫어서 한 것뿐인데 마음속에 "감사받고 싶다"는 욕망이 숨어 있는 것을 느꼈습니다. 그런데 다시 한 달 후에 찌꺼기가 쌓이자 "아, 누구에게도 들키지 않고 계속해서 배수구의 찌꺼기를 치워야 하는구나" 라는 싫은 기분이 드는 것이었습니다.

이것을 불교적으로 생각해 보면 "공로를 알아주고 고맙다는 말을 듣고 싶다"는 욕심과 더러움에 대한 반성을 촉구하겠다는 건방진 마음, 그리고 "왜 내가 계속해서"라는 불만과 부정적인 에너지(악업)를 충분히 마음에 저금한 것이 됩니다.

할 수 있다면, 이렇게 부정적인 에너지를 저축해서 기분을 흐리는 일은 하고 싶지 않을 것입니다. 그러기 위해서는 "남을 위해서 해주고 있다"라고 잘난 체하는 착각을 떨쳐 버리는 것이 비결입니다. 이렇게 "단순히 내가 하고 싶어서 할 뿐, 감사는 필요 없다"라고 감히 이기적으로 생각하는 것으로 자랑하고 싶어지는 기분을 떨칠 때도 있습니다.

나의 공로를 알아주길 바라는 마음을 떨쳐 버리고 남모르게 행할 수 있다면, 자랑하고 싶은 마음을 이겨 냈다는 자기극복의 기쁨과 마음에게 선한 일의 에너지를 저축했다는 기쁨까지 일석이조입니다.

●

103

불편함을 받아들이면
편안해진다

어느 날 오후 11시 30분 무렵 다음 날 타야하는 비행기 예약을 하기 위해 A항공사의 접수 센터에 전화해 보니 이미 접수 시간이 종료되어 있었습니다. 다만, 음성 안내에 따라 발착 항공편의 공석 상황은 확인할 수 있다는 안내 방송만 흐르고 있었습니다.

그것을 듣고 저는 "과연 공석 확인이 가능하니 예약도 가능할 것이다"라고 생각하였습니다. 이렇게 생각한 것은 과거, 다른 B항공사에서는 접수종료 이후에도 음성 안내에 따라 전화로 번호를 누르면 예약을 할 수 있었기 때문입니다.

그런데 어렵게 'ㅇㅇ공항에서 △△공항까지 ○시 △분 출발 비행기'를 선택하였는데 "그 비행기에는 충분히 공석이 있습니다"라는 안내방송만 나오고 예약은 할 수 없었습니다.

그러자 억울한 기분과 함께 "예약이 가능하다는 듯이 '충분히 공석이 있습니다'라는 것만 알려주고 예약은 못 하다니 잔인하군. 잠자기 전 귀중한 시간을 15분이나 날려 버리다니. B사를 본받았으면 좋겠다"는 생각이 들었습니다.

그런데 머릿속에서 이런 식으로 트집을 잡는 동안 문득 편리한 서비스를 받고 그것에 익숙해진 탓에 야간에 전화 예약을 할 수 없다는 극히 평범한 것을 포기할 수 없게 된 것을 깨달았습니다.

모처럼 지나치게 편리한 세상으로부터 몸을 멀리 하려고 인터넷이나 휴대전화를 사용하지 않는 생활을 선택했는데 고작 예약 때문에 "뭐가 이렇게 불편하고 배려가 없는 거야"라는 트집을 잡다니 도리에 맞지 않는 것이라고 쓴웃음을 지었습니다.

무슨 일이든 '무리라면 어쩔 수 없다'라고 포기하면 어깨의 힘이 빠져 편안할 것입니다. 지나치게 편리한 각종 도구와 서비스에 익숙해져 임금님 같은 기분으로 살아가는 우리 현대인들은 포기하고 휴식할 기회를 빼앗기고 있는 것입니다.

104

●

'나약한 자신' '능력 없는 자신'을
인정하면 일이 더 잘된다

최근 '있는 그대로의 자신을 깨닫자'는 주제의 책을 출판했습니다. 내용의 핵심은 "무리해서 자신을 장식하려는 것은 소모적인 피로를 낳을 뿐이다. 있는 그대로의 나약하고 한심한 자신임을 깨닫고 그것을 인정해 주는 것으로 홀가분하게 한숨 돌리자"라는 정서의 책입니다.

책의 마감이 다가와 시간에 쫓기는 가운데 깨달은 것은 공교롭게도 바로 제가 무리를 해서 실력 이상의 작업량을 맡게 된 탓에 한계에 다다르기 시작했다는 것입니다.

일을 많이 맡아 차례로 처리하는 것은 "나는 제법 할 수 있는 인간이다"라는 자아 이미지를 가질 수 있기 때문에 뇌가 쾌감을 느낄수 있습니다. 문제는 그 쾌감에 속아, 있는 그대로 자신의 나약함이 보이지 않게 된다는 것입니다.

저는 명상수행에 의한 정신 통일이 절정이었을 때는 피로를 모르고 명석한 의식 상태에서 일을 해 왔습니다. 그러나 그 최상의 컨디션이 곧 없어졌는데도 불구하고 "그때 할 수 있었으니까 지금도 할 수 있을 것"이라는 과거의 영광에 매달리며 일을 지나치게, 다량으로 맡은 것입니다.

스스로 "지금의 나는 예전만큼은 할 수 없다"라는 나약함을 인정하는 것은 무리하고 싶어 하는 자만심이 허락해 주지 않았습니다. 하지만 과로로 인해 일의 질도 떨어지는 것을 느껴 과감하게 관계자에게 '나의 허약함 때문에'라는 설명을 하고 작업량을 줄였더니 어깨에서 '훌륭한 자신이 아니면 안 된다'라는 무거운 짐이 내려와 상쾌해졌습니다. 그래도 여전히 궁지에 몰려 있기 때문에 아직 남아 있는 일도 그만두고 상쾌해지고 싶습니다.

105

•

비교하지 않는다

" '자신이 더 뛰어나다'라고 비교하지 않도록. '나는 더 뒤떨어져 있다' 라거나 '나는 비슷한 정도다'라고 비교하지 않는 것이 좋다"『경집』(제 918게)

이것은 석가모니가 우월감도 열등감도 그리고 동등한 느낌마저 도 떨쳐 버리는 것의 평온함을 설명하는 말입니다. 다른 사람과 비교 해서 "내 쪽이 가능하다" "내 쪽이 젊어 보인다"라고 비교하면 거만 하게 되고, 반대로 "내 쪽이 불가능하다" "내 쪽이 늙어 보인다" 등으 로 비교하면 불쾌해지기 때문에 어느 쪽이든 마음이 편안하지 않습 니다.

문제는 인간의 뇌가 습관적으로 "나는 어느 정도의 순위일까?"라는 것을 확인하고 싶어 하는 습성을 갖고 있다는 것입니다. 그 때문에 늘 자신과 누군가를 비교해 "위다" "아래다" "비슷하다"라는 정보를 계속 처리하고 있는 것입니다. 비교하는 인간의 버릇에 대해 불교가 붙인 이름이 '자만심'으로, "위다" "아래다" "위다" "아래다"라고 출렁이는 바람에 마음은 혼자 씨름을 하다 지쳐 버립니다.

　　그런데 비교 상대에는 과거의 자신도 포함됩니다. 앞에서 제가 수행이 완전했었던 시절의 영광에 매달려 현재의 쇠약해진 자신을 인정하지 못하고 무리해 버렸던 수치를 드러냈습니다.

　　현재 일본의 평균수명이 늘어났기 때문에 나이를 먹을수록 "전에는 그렇게 긍정적이었는데" "전에는 그렇게 피부가 예뻤는데" "전에는 건강했는데"라고, 과거의 자신과 비교하여 열등감을 가질 기회가 누구에게나 늘어날 것임에 틀림없습니다. 그런 노인이 되지 않도록 과거와 비교하는 습관은 늦기 전에 지금 당장 버립시다.

●

내가 만나고 싶은 사람이 '친구'인가?
'나를 만나고 싶어하는 친구'인가?

문득 십수 년을 만나지 않았던 중학교 친구가 보고 싶어져서 연락해 보았습니다. "왜 그래 무슨 일인데?" "아니 오랜만에 만나고 싶어서……" "만나도 좋지만 뭘 하려고?"

멋대로 친구도 그리워했을 것이라고 기대했기 때문에 친구의 소극적인 분위기를 접하고 실망하면서도 대답했습니다. "만나서 같이 밥이라도 먹으면서 쌓인 이야기라도 하면 좋을까 하고 말이야" "그것은 좋지만 날짜는 당장 결정할 수 없으니까 다음에 연락해서 정하자."

통화를 마친 뒤, 필자의 마음속에서 친구를 만나고 싶어 했던 마음이 사라져 가고 있는 신기한 변화가 이는 것을 엿볼 수 있었습니다. 이 "어라……?"에서 자신의 마음을 바라보면, 옛 친구의 목소리 속에서 재회의 기쁨이 느껴지지 않았던 것과, 이쪽 편에서 매달려 조르는 것 같은 입장이 된 것에 굴욕감을 느낀 것이 보입니다.

오랜 친구를 만나고 싶은 것보다는 "자신을 그리워하며 보고 싶어해 줄 옛 친구"를 만나고 싶은 욕심이었던 것이라고 알게 된 것입니다. 그 때문에 이른바 "두견새가 울지 않으면 놓아주겠다" 라는 듯이 상대방이 적극적이지 않으면 그만두고 싶어지는 것입니다. "사실 상대방이 나를 더 만나고 싶어 해야 하는데!"라는 자존심 때문에 실망하는 것입니다. 자존심을 버리고 도쿠가와 이에야스(德川家康)처럼 "두견새가 울 때까지 기다리겠다" 가 좋습니다.

실제로 나중에 그 친구와 만났습니다만, 친구는 잔업에 잔업을 거듭해 녹초가 되어 있었고 매우 지쳐 있는 것을 보기만 해도 알 수 있어서 소극적이었던 이유가 납득이 됐습니다. 그러나 역시 오랜 친구인 만큼 곧바로 마음을 터놓고 편안한 담소를 즐길 수 있었습니다. 이상한 자존심은 우리를 지레짐작시키기 때문에 위험한 것입니다!

107

●

타인의 엄격한 지적에
감사하는 것이
진정한 반성

연말, 해넘이의 마지막 식사를 했습니다. 아르바이트로 오시는 분이
"올해는 어떤 해였습니까?"라고 질문하여 대답을 하면서 반성을 하
기에 이르렀습니다. "제가 무신경한 구석이 있는 것을 인정하지 않을
수 없었던 한 해였습니다. 장난치지 말아야 할 시점에 장난을 치거나
감사를 바라는 사람에게 사례의 말 한마디도 없이 신경 쓰지 않고, 주
위 사람을 어느새 화나게 하는 것 같아요"

아르바이트 하시는 분이 제 얘기를 듣고 동의하는 듯이 고개를
끄덕이며 말씀하셨습니다. "주지 스님은 '왜 이렇게 눈치가 없으실
까?'라는 생각이 들거나, '이런 세세한 곳까지 걱정해 주지 않아도 되

는데……'라는 생각이 들 정도로 세심하게 배려해 주지만 일관성이 없어서 사람에 따라서는 화가 나기도 해요" 이 대답을 듣고 저는 그 분도 때로는 화가 났던 것이 틀림없다고 느꼈기 때문에 조금 흠칫한 기분이었습니다.

그렇다 해도 바로 조금 전까지 '반성'하던 생각과 같은 내용을 다시 남으로부터 지적당하고 다짐을 받으니 "제가 그 정도까지 싫은 사람이 아닐 거예요"라는 섭섭한 생각이 들었습니다.

그렇게 자아를 지키기 위해 '반성'을 내던지려고 하는 마음의 무책임함을 바라보면서 "지적하신 부분이 맞는 것이구나" 라고 다시 생각하는 바입니다. "자신에게 편리한 것을 말해 주는 바보보다도, 아픈 결점을 지적해 주는 현자의 쪽이 좋다" 『자설경』(제25장)라는 금언을 명심해 두고 싶습니다.

108

**지시하는 위치의 사람일수록
'나약한 자신'을 인정하는 것이
중요하다**

자신의 나약한 부분이나, 할 수 없는 부분을 인정해야한다는 이야기를 계속했습니다. 한편 문득 짐작건대 필자가 자신의 나약함을 인정하지 않고 무리하던 원인 중 하나는 '가르치는 입장'에 서 있었기 때문일 것입니다.

"나는 설법을 하거나 명상지도를 하기 때문에 이런 일로 몸이 지쳐 있으면 안 된다. 이런 일로 고민하고 있으면 안 된다"며 훌륭한 자신을 보여 주기 위해서 안간힘을 쓰고 있었던 것이지요.

필자의 경우 심신을 가장 단정하게 하고 있었던 시기에 마음 다루는 방법을 열심히 설명해 왔습니다. 그만큼 '자신의 마음을 충분히 다룰 수 없는 상황'을 한눈에 드러내는 것을 무의식적으로 두려워하고 있었습니다. 그 때문에 마치 지치지도 고민하지도 않는 것처럼 무리를 했습니다. 그것이 바로 스스로를 괴롭히는데도 말입니다.

아니요, 누구라도 "상사로서 ○○이 아니면" "선생님으로서" "부모로서" "연장자로서" 등 모범을 보여 줘야 하는 입장에 있는 사람은 자신이 현실적으로 가지고 있는 역량을 넘어서는 훌륭함을 보이기 위해 허세를 부립니다. 그러면 자신의 나약함이나 고통을 알 수 없습니다.

자신이 고통받고 있는 것을 솔직하게 인정하면 그 데이터가 뇌에 전달되고 고통을 해소하기 위한 지령이 내려지는데도, 자진해서 데이터를 지워 버립니다. 불교에서 고성제(苦聖諦) 즉 '고통이 성스러운 진리'로 여겨지는 까닭은 자신의 고통을 깨달아야 고통이 아물고 마음이 편안해지기 때문입니다.

하지 않는 연습
마음을 지키는 108가지 지혜

●

후기

후기

●

이 책은 2년 반에 걸쳐서 매주 신문에 연재한 칼럼 중에서 108개를 선택하여 한 권으로 엮은 것입니다. 매주 가장 마음에 걸리는 신변의 사건과 마음의 상태를 도려내어 글을 써 왔습니다.

돌이켜 보면, 연재 중반부터 후반의 중간까지 곤경에 처해 있던 시절이었습니다. 그 시기 문장에는 약간의 해학은 담겨 있지만 고뇌 역시 다소 배어 나온 것 같아서 오히려 마음을 압박하는 글이 된 것은 아닐까하고 생각됩니다. 후반에서는 이른바 현재 진행형인 저의 나약함이나 주저함 같은 삶의 소재를 '번뇌 분석'이라는 도마에 올려 조리한 것으로, 독자 여러분도 공감하며 자기반성을 하실 수 있지 않을까 기대하는 바입니다.

그런 의미에서 저는 이 책의 제목을 〈나약함의 연습〉이나 〈나약함을 반성하는 연습〉으로 하고 싶었지만 편집부에서 이해하기 어렵다고 말했습니다.

곤경에 처해 있었던 수개월의 안개를 벗어나 평온하게 착지한 현재, 이 책을 다시 읽어 보면 좌절할 것 같은 때마다 자기반성을 하게 됩니다. 그리고 보고 싶지 않은 곳에 깨달음의 빛을 비춰 온 연재 기간의 궤적, 어느 한 조각도 헛된 것은 없다는 생각이 듭니다.

그렇습니다. 모든 실패와 역경을 멈추어 서서 정중하게 바라보고 반성의 빛을 비추면 모두 재산이 되는 것입니다. 우리는 곤란할수록 멈추지 않고 다음 수단을 생각하는 경향이 있어서, 즉 '하는 생활'에 쫓기며 혼란을 겪는 것입니다. 그렇지만, 그럴수록 조용히 멈추어 서서 뭔가를 더하거나 빼지 않고 그저 반성하는 것이야말로 최선의 배움을 끌어 내 주는 것입니다.

즉 '하지 않는' 자세로 단지 내면만을 바라보며 머무는 것. 이런 자기반성이야말로 '하지 않는 연습'이라고 말할 수 있습니다. 조용히 살짝 멈추어 서봅니다.

2014년 2월 28일
세상과 마음에 또다시 봄이 온 쾌청한 오전에 적다.

하지 않는 연습

마음을 지키는 108가지 지혜

@코이케 류노스케 2015

초판 발행일 | 2015년 9월 30일

지은이 | 코이케 류노스케
옮긴이 | 고영자

발행인 | 이상만
책임편집 | 최홍규
편집진행 | 고경표, 윤현아
발행처 | 마로니에북스
등 록 | 2003년 4월 14일 제 2003-71호
주 소 | (10881) 경기도 파주시 문발로 165
대 표 | 02-741-9191
팩 스 | 02-3673-0260
홈페이지 | www.maroniebooks.com

ISBN 978-89-6053-367-7(03400)